BIBLIOTHÈQUE DES ÉCOLES ET DES FAMILLES

CAUSERIES D'UN SAVANT

PAR

GASTON TISSANDIER

OUVRAGE ILLUSTRÉ DE 96 GRAVURES

NEUVIÈME ÉDITION COMPLÈTEMENT REVUE ET MISE A JOUR

PAR DANIEL BELLET

PARIS
LIBRAIRIE HACHETTE ET Cie
79, BOULEVARD SAINT-GERMAIN, 79
1910

Odette 1910

CAUSERIES

D'UN SAVANT

OUVRIERS RÉPARANT UN CABLE SOUS-MARIN EN PLEINE MER.

L'École normale de Paris.

INTRODUCTION

Il y a bien des degrés d'enseignement compris entre l'École normale de Paris, où se préparent les savants de l'avenir, et l'humble salle de l'école du village, où l'enfant apprend à épeler ses premières lettres. Un des enseignements qui offrent assurément le plus d'efficacité est celui qui se tire de l'entretien familier, de la conversation journalière sur des sujets à la portée des jeunes intelligences qu'il s'agit d'instruire.

Les pages que vous allez lire traitent de questions très variées ; ce sont à proprement parler de simples causeries, qui vous instruiront de bien des choses.

Un savant qui a acquis une véritable notoriété nous disait

un jour qu'il avait été élevé dans un humble village, et que les leçons qui avaient le plus profité au développement de son intelligence, étaient celles que le maître d'école donnait parfois au coin de son feu, tout en causant sur des sujets divers. Nous n'avons pas eu d'autre ambition que d'imiter cet intelligent professeur de la jeunesse, mais en vous donnant un compagnon, le livre, que vous retrouverez toujours quand vous voudrez vous distraire.

Le vieux maître d'école au coin du feu.

CAUSERIES
D'UN SAVANT

PREMIÈRE CAUSERIE

LES BIENFAITS DE LA SCIENCE

Un soir, mes jeunes amis, j'étais assis au coin de mon feu, le vent soufflait au dehors, la pluie tombait à torrents au milieu des rafales; je me disais . Qu'il est doux de goûter le confortable des pays civilisés, tandis que tant d'hommes sont exposés sans cesse à mille dangers, et qu'un grand nombre d'autres, à l'état sauvage, ignorent absolument les inépuisables ressources de l'industrie! Cette comparaison fit naître en mon esprit bien des réflexions diverses, et, doucement étendu, je me mis à passer machinalement en revue les objets qui m'entouraient. Cette chambre où je trouve asile, pensai-je, le monde entier s'y trouve représenté. Des milliers d'ouvriers ont contribué à la faire ce qu'elle est. Les objets qu'elle renferme, des bateaux à vapeur et des chemins de fer les ont apportés de toutes les parties du monde.

D'où vient cette cheminée? Elle a été extraite des carrières de marbre des Pyrénées, où des ouvriers ont lentement ouvert des tranchées dans le sol, où ils ont patiemment découpé la roche après mille travaux et mille soins. D'autres mains l'ont taillée, façonnée, sculptée. Le mur de pierre où s'appuie la cheminée a été fait de blocs découpés péniblement dans la masse des bancs d'une carrière, et transportés jusqu'ici à grand'peine (fig. 1). Ici est une bougie qui provient peut-être de la République

Argentine; car l'Amérique du Sud envoie en France des quantités considérables de suif de mouton ou de bœuf, et notre industrie transforme cette graisse infecte en bougies stéariques. Là, au-dessous, sont des pincettes. Que d'histoires pourrait nous raconter cet humble ustensile! Quelle en est l'origine? Il vient des mines de fer, où le métal existe à l'état d'oxyde; il

Fig. 1. — Une carrière où l'on exploite la pierre de taille.

faut que des mineurs sachent recueillir le minerai, et que ce minerai soit fondu avec du charbon dans des hauts fourneaux d'où la fonte incandescente sort en ruisseaux de feu. La houille avait été lentement arrachée à la terre et péniblement transportée dans des galeries souterraines (fig. 2). Plus tard, la fonte qu'elle sert à produire est transformée en fer qui doit être martelé, laminé, travaillé, pour donner naissance à la paire de pincettes.

L'industrie du fer emploie des milliers d'ouvriers qui chauffent le minerai, coulent la fonte, forgent le fer ou l'acier et le

Fig. 2. — Transport du charbon de terre dans la galerie souterraine d'une mine de houille.

martèlent en blocs gigantesques quand ils emploient les puissants marteaux à vapeur de nos usines (fig. 3).

Plus loin, voici des chenets de cuivre, métal que l'homme

Fig. 3. — Martelage du fer à l'aide d'un marteau pilon à vapeur.

emprunte au Chili, au Mexique, à l'Angleterre, et qui, avant d'être chenets, a fait bien des voyages.

A terre est un tapis; à lui seul il fournirait la matière d'une encyclopédie. Il est en laine, et, avant d'être foulé aux pieds, il s'étalait sur le dos d'un mouton. Puis il a passé dans des filatures où d'innombrables machines, où toute une armée d'artisans l'ont métamorphosé en écheveaux de laine. Mais il est teint de nuances diverses qui charment l'œil par l'harmonie artistique des couleurs. Chaque écheveau de laine qui l'a fourni

Fig. 4. — Écheveaux de laine passant dans la cuve à teinture.

a dû passer dans la cuve à teinture (fig. 4). La fond bleu est formé d'indigo, que les Chinois cultivent dans le Céleste Empire et que nos teinturiers utilisent. Sa bordure est rouge; le rocou, qui pousse en Amérique, en a fourni la matière colorante. Les autres couleurs viennent des pays les plus lointains, ou sont extraites de la houille.

Dans l'âtre sont des bûches qui flambent : des bûcherons les ont taillées dans la forêt; elles ont dû ensuite longuement voyager pour arriver jusqu'à mon feu. Au-dessus est un fragment de charbon de terre que l'on a enlevé des entrailles du sol, comme je vous le montrais tout à l'heure; c'est lui qui donne la vie aux machines à vapeur, fait courir la locomotive sur les rails, anime ces vaisseaux énormes qui sillonnent la surface des océans.

Deux vases de porcelaine décorent ma cheminée : ils n'ont d'abord été qu'une terre blanche que l'on nommè *kaolin*; puis ils ont été façonnés dans la manufacture de céramique, séchés, peints par d'habiles artistes, et cuits dans de grands fours.

Derrière eux brille une glace étamée. Que de merveilles dans ce miroir! Le sable de nos rivières, porté à une haute température, avec la soude et la chaux, donne le verre, étonnante substance qui se prête à tous nos besoins. Elle est étamée d'étain et de mercure, métaux que les mineurs vont chercher encore dans les profondeurs de la terre.

Tout près de ma main est un flacon d'eau de Cologne, dont la base est l'alcool. La fabrication de ce liquide a nécessité un travail considérable; il a fallu cultiver la betterave, en extraire le sucre, puis les distillateurs ont préparé l'alcool. Les parfums de cette eau de Cologne ont exigé la culture des citrons, des roses, des verveines, d'une infinité de fleurs. Pour remplir ce flacon, mille jardiniers ont demandé au ciel de la pluie ou du soleil, ont remué la terre, ont cultivé les fleurs. Il a fallu, dans d'autres usines, fabriquer les essences et les unir à l'alcool.

Que de travaux, que de peines, que d'inventions présente tout ce que je vois autour de moi! Cette feuille de papier où je puis écrire, retracer mes pensées, cette plume métallique qui me permet d'y porter l'encre, sortent de vastes usines où des ingénieurs, des ouvriers, font agir de puissantes machines (fig. 5). Le papier de tenture qui couvre les murs est lui-même une merveille de fabrication ingénieuse (fig. 6). Que d'observations semblables à faire sur les vêtements qui me couvrent commodément, et qui sont formés de drap, de toile, de soie, de tissus divers, inventés, perfectionnés et fabriqués par une légion d'hommes industrieux!

Mais si je cesse de m'attacher uniquement au bien-être physique, que d'admiration, que d'étonnement suscitent dans mon esprit ces peintures où l'artiste représente les traits de ceux que j'aime, l'image des scènes charmantes de la nature! Que de réflexions éveillent en moi ces livres écrits par des philosophes, des poètes, des penseurs et des érudits! Que l'on réfléchisse à ces dons bénis de la civilisation, on verra que l'on ne saurait en faire trop de cas. Grâce à l'imprimerie, je n'ai qu'à interroger mes livres, et me voilà presque aussi in-

Fig. 5. — Appareil où chiffons et bûchettes de bois se transforment en pâte à papier.

struit en astronomie que Galilée et que Newton. Grâce aux livres toujours, je sais, si je veux, la chimie comme Lavoisier, et les sciences naturelles comme Buffon. Tous ces génies qui ont épuisé leurs forces, leur intelligence, à créer, à étudier et à approfondir les œuvres de la nature, je profite de leurs travaux, et je m'instruis à leur école. Je cause avec les hommes du passé comme avec ceux du présent; et tout cela sans sortir de cette

Fig. 6. — Une machine à imprimer les papiers peints.

boîte, faite de quatre murs, dans laquelle je vis si commodément, grâce aux travailleurs, aux industriels, aux inventeurs de tous les pays, de toutes les professions, de tous les âges et de toutes les classes.

Et aujourd'hui, grâce au télégraphe, au téléphone, au phonographe, ce n'est pas seulement dans les livres ou dans les journaux que je trouve les paroles des gens disparus ou qui vivent dans une autre partie du monde. La voix humaine franchit des centaines et des centaines de kilomètres; elle s'inscrit sur des cylindres qui peuvent la répéter ensuite à nos oreilles au bout de bien des années. Instantanément je puis envoyer de mes nouvelles à un ami, à un parent habitant l'Amérique.

Que l'oisif, pour qui le travail est un fardeau, qui végète dans la paresse, qui ne cultive pas son intelligence, qui ne cherche à rien étudier, à rien produire, jette les yeux sur le tableau que nous venons d'esquisser. Il sentira en lui une voix de la conscience qui lui dira : A quel titre jouis-tu des bienfaits de la civilisation fille du travail? Si tu n'as pas pris la plus petite part à cet immense monument du bien-être intellectuel et physique que des milliers d'hommes laborieux construisent depuis des siècles, es-tu vraiment bien digne d'y trouver asile?

DEUXIÈME CAUSERIE

LES PIGEONS VOYAGEURS

Ce ne sont pas seulement les œuvres de l'homme qui sont à admirer et à connaître, mais bien auparavant les merveilles de la nature, merveilles du monde physique ou du monde animal, au milieu desquelles nous vivons sans toujours les bien apprécier. De ce nombre est l'instinct curieux du pigeon, que nous savons utiliser.

L'usage des pigeons messagers se perd dans la nuit des temps. Durant la première croisade, par exemple, le sultan de Damas envoya aux assiégés de la ville de Tyr un pigeon pour leur annoncer qu'une armée allait arriver à leur secours. Ce pigeon tomba entre les mains des croisés, qui enlevèrent le léger message attaché à la patte de l'oiseau, et le remplacèrent par un billet où ils faisaient dire au sultan de Damas que, vaincu et terrassé, il lui était impossible de venir délivrer la ville assiégée. Cette fraude a été imitée par les Prussiens avec les pigeons du ballon le *Daguerre*, pris par eux pendant le siège de Paris. Mais les soldats allemands ne furent pas aussi habiles que les croisés, qui avaient su imiter l'écriture et le style des Sarrasins. Les pigeons du *Daguerre* apportèrent à Paris une lettre écrit dans un français si ridicule, qu'il était impossible de prendre le change. En 1849, les Vénitiens assiégés s'étaient servis avec succès de pigeons pour donner de leurs nouvelles en Italie; plus anciennement, en 1574, les messagers ailés avaient été utilement employés par les habitants de la ville de Leyde, investie par l'armée espagnole; mais jamais, dans aucun temps, ils ne jouèrent un rôle aussi considérable que pendant ce siège de Paris auquel nous faisions allusion à l'instant.

Le mérite d'avoir créé à Paris le service des oiseaux messagers revient à M. Rampont, alors directeur des postes, et aux membres de la société colombophile *l'Espérance*, MM. van Roosebeke, Cassiers, etc., qui sont partis de Paris en ballon avec leurs oiseaux. Toutefois, trois semaines avant l'investissement, M. Ségalas avait songé aux pigeons voyageurs, et il avait même installé soixante de ses élèves dans la tour de l'administration des télégraphes. Mais ce sont principalement les pigeons de la

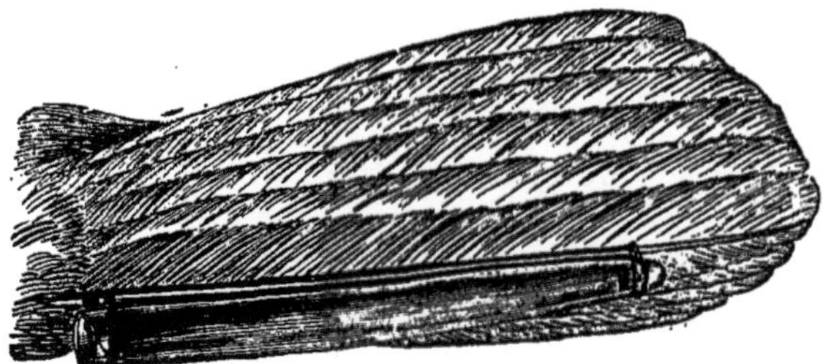

Fig. 7. — Tuyau de plume contenant une dépêche attaché à la queue d'un pigeon voyageur.

société *l'Espérance*, dont on soupçonnait à peine l'existence à Paris, qui ont rendu des services pendant la guerre.

Le façon d'organiser le service était très simple. Les ballons emportaient de Paris les pigeons voyageurs, que l'on remettait, à Tours, à la direction des postes et des télégraphes. Là, les hommes spéciaux, MM. van Roosebeke, Cassiers, se chargeaient de lancer les pigeons à Orléans, à Blois, le plus près possible de Paris. Ils attachaient préalablement une dépêche à une des plumes de la queue de l'oiseau voyageur (fig. 7). Ces dépêches étaient formées de pellicules de collodion imaginées par M. Dagron, et sur lesquelles on avait réduit des dépêches par des procédés de photographie microscopique. Ces dépêches, d'une écriture si fine qu'on ne pouvait pas la lire à l'œil nu (fig. 8), étaient agrandies par un appareil de projection lors de leur réception à Paris, et des calligraphes en prenaient copie : l'aile du pigeon messager était en outre munie d'un timbre qui indiquait la date de son départ (fig. 9).

Avant le siège de Paris, il y avait déjà fort longtemps que des sociétés belges s'étaient préoccupées de l'élevage des pigeons voyageurs, et, avant l'apparition du télégraphe électrique, plus d'un spéculateur de Paris a profité des renseignements que lui donnaient les colombes en lui apportant, avec une rapidité étonnante, le cours de la bourse de Bruxelles. On ne se doutait pas alors du rôle que l'histoire réservait à ce service postal généralement peu connu.

Tous les pigeons ne sont pas doués au même degré de cette faculté de revenir à leur colombier. Le pigeon dit *voyageur* est une espèce spéciale.

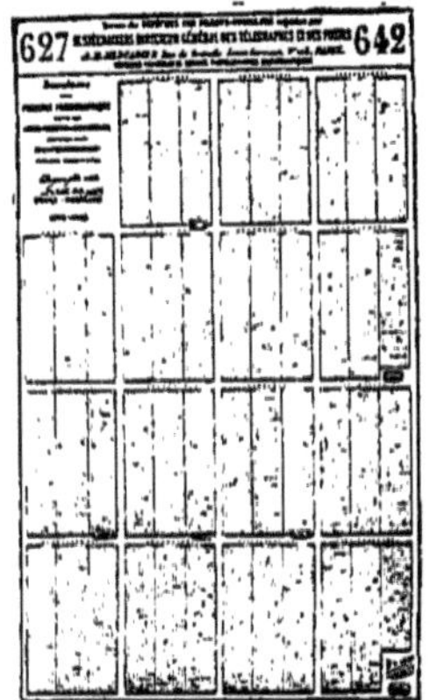

Fig. 8. — Fac-similé d'une dépêche photomicrographique confiée aux pigeons du siège de Paris.

Certains pigeons voyageurs, nés dans un colombier et emportés au loin, y sont revenus d'un seul trait, sans éducation préalable. Mais ce fait est très rare; on l'a même contesté. On dresse généralement les pigeons, et on les habitue peu à peu à des voyages de plus en plus longs. On les élève dans un colombier et on leur laisse leur liberté; ils voltigent tout autour, et s'éloignent parfois à une distance assez considérable de leur asile; il est probable que, dans ces promenades de chaque jour, ils apprennent à connaître les environs; leur vue très perçante leur permet de retrouver certains points de repère pour s'orienter et se mettre dans la bonne voie pour le retour. Quand des pigeons ont vécu pendant quelque temps dans ces conditions, on les emporte dans des cages d'osier, à une dizaine de lieues de leur colombier, et on les lâche. La plupart rentrent au logis dans un espace de temps assez court. Quelques jours après, on les transporte à vingt lieues, puis à trente ou quarante lieues, et ainsi de suite en augmentant les distances. On arrive ainsi à pouvoir lâcher à Bordeaux ou même à Bayonne, des pigeons voyageurs élevés à Paris, à Bruxelles, ou à Anvers.

La vitesse du vol des pigeons voyageurs est très variable; par un temps calme, ils font généralement 60 à 70 kilomètres à l'heure. Cette vitesse augmente ou diminue suivant qu'ils volent avec le vent, ou contre le vent; on en a vu donner une allure de plus de 90 kilomètres, et durant 10 heures de suite.

Un fait remarquable est l'influence de la direction du vent sur le retour des pigeons. Ceux-ci s'égarent presque toujours quand règnent les vents d'est. Les vents du sud et du sud-ouest sont au contraire très favorables au vol de ces messagers.

Quand le temps est brumeux, quand il gèle et surtout quand la terre est couverte de neige, les pigeons voyageurs perdent leurs facultés; on comprend combien le froid si rigoureux de 1870-1871 mit d'entraves au services de la poste aérienne.

Durant le siège, trois cent soixante-cinq pigeons ont été emportés de Paris en ballon, et lancés sur Paris. Il n'en est rentré que cinquante-sept, savoir : quatre en septembre, dix-huit en octobre, dix-sept en novembre, douze en décembre, trois en

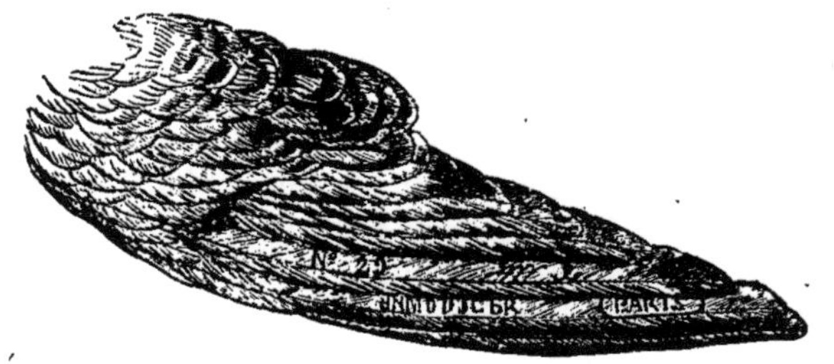

Fig. 9. — Timbres marqués sur l'aile d'un pigeon voyageur.

janvier, trois en février. Quelques-uns d'entre eux se sont égarés pendant très longtemps; c'est ainsi que, le 6 février 1871, on reçut à Paris un pigeon qui avait été lancé le 18 novembre 1870. Il apportait la dépêche n° 26, tandis que celui de la veille avait apporté la dépêche n° 51. — Le 28 décembre, on reçut un pigeon qui avait perdu sa dépêche et trois plumes de sa queue. Il avait été sans doute atteint par une balle prussienne. Ce fait donne à croire que plusieurs de nos messagers du siège ont été tués par l'ennemi.

Les Parisiens n'oublieront jamais la joie que leur causait la vue d'un pigeon s'arrêtant sur les toits. Quel bonheur! disait-on, voilà des nouvelles de province! — Et l'on se perdait en suppositions et en commentaires. Nous devons toutefois faire observer à ce sujet que les pigeons voyageurs rentrent généralement tout droit au colombier, sans s'arrêter en route.

Il existe à Paris, dans certains quartiers, notamment du côté des Halles, du Temple, des colombiers perchés sur les toits des maisons. Au reste une foule de sociétés se sont fondées un peu partout dont les membres se livrent à l'élevage de ces gracieux oiseaux; souvent on procède à des lâchers de pigeons qui sont de vraies courses avec prix; on compte sur leurs services en cas de guerre, et l'Administration militaire en fait un soigneux recensement, tout comme des chevaux.

Comment et en vertu de quelles facultés les pigeons voyageurs, portés au loin, parviennent-ils à retrouver leur domicile de prédilection? Un grand nombre d'hypothèses ont été proposées pour répondre à cette question. — Les uns attribuent cette faculté à l'instinct; mais ce mot vide de sens contient un simple aveu d'ignorance. D'autres prétendent que le pigeon est doué d'une sensibilité dont nous ne pouvons nous faire la moindre idée, et qui lui permet de se guider d'après les différences de densité des diverses couches de l'air qu'il traverse. D'autres enfin affirment que la mémoire du pigeon est extraordinaire, qu'il reconnaît les moindres objets qu'il a remarqués à la surface du sol, et que cette faculté, jointe à une vue perçante, lui permet de trouver des points de repère dans les pays qu'il traverse. Cette hypothèse n'explique pas comment l'oiseau messager revient au logis quand on le transporte, enfermé dans un panier, jusqu'à des localités très lointaines qui lui sont entièrement inconnues.

Sous le rapport de l'ouïe et de la vue, le pigeon est certainement très bien doué; mais ce n'est assurément pas à l'aide de l'ouïe qu'il s'oriente, et, d'autre part, en supposant sa vue aussi perçante que l'on voudra, on n'arrivera pas encore à s'expliquer d'une façon satisfaisante son étonnante sagacité pour s'orienter.

En effet il est manifeste, par exemple, que, lorsqu'il s'agit de grandes distances, la courbure de la terre est un obstacle invincible à la portée de la vue. Quand un navire s'éloigne en pleine mer, on le voit peu à peu disparaître à l'horizon, où il semble s'enfoncer; il se trouve véritablement caché derrière une sorte de dôme qui oppose à l'œil une barrière comparable à celle d'une colline. Si l'on s'élève dans l'atmosphère, la portée de la vue augmente, mais elle n'atteint pas encore des distances bien considérables. Ainsi, du sommet du mont Blanc, qui est situé à 4 810 mètres au-dessus du niveau de la mer, si l'on trace un cercle dont la circonférence passera à Dijon, on aura tout le panorama que l'œil peut embrasser.

En supposant donc que le pigeon puisse s'élever à la hauteur de 4 810 mètres, et en admettant que sa vue ait une portée aussi grande que celle de l'homme aidée des meilleurs instruments d'optique, son horizon dans une direction déterminée ne s'étendrait pas à une distance plus grande que la ligne qui sépare Dijon du sommet du mont Blanc, c'est-à-dire à 52 lieues (de 4 kilomètres). Mais le pigeon, dans le cours de ses pérégrinations, ne soutient pas son vol à cette hauteur; il s'élève à peine au quart; donc son horizon doit être bien plus restreint.

Fig. 10. — Un lâcher de pigeons voyageurs.

En concédant même, dit le docteur Chapuis, que, dans les temps ordinaires, son œil pût lui donner une perception distincte des objets situés à 100 kilomètres de distance, on ne saurait raisonnablement soutenir qu'il en soit de même lorsqu'il est éloigné de 800 à 1 000 kilomètres de son colombier. — Il semble donc évident que le pigeon est doué de certaines facultés spéciales dont nous sommes incapables de soupçonner le pouvoir. Il faut reconnaître, d'ailleurs, que ces facultés singulières sont également propres à un très grand nombre d'animaux.

Les chiens sont très remarquables sous ce rapport. Une personne habitait une maison de campagne aux environs de Lyon, et avait un chien qui vivait avec elle depuis plusieurs années. Cet animal fut donné à quelqu'un qui demeurait à plus de 120 kilomètres de distance; il fût emmené en chemin de fer. Vingt-quatre heures après, le chien était revenu à son premier logis.

Les pigeons voyageurs, par l'exercice, par l'entraînement, acquièrent une habitude du voyage qui tient du prodige. Certains de ces oiseaux exercés à revenir au colombier, quand ils étaient lâchés successivement à 80 kilomètres, à 160 kilomètres, c'est-à-dire à des distances de plus en plus considérables, ont pu, après avoir été transportés de Bruxelles à Madrid par chemin de fer, revenir d'un seul vol de la capitale de l'Espagne à celle de la Belgique. Pour exécuter ces longs voyage, il faut que le pigeon ne soit pas jeune, qu'il ait acquis de l'expérience par des pérégrinations souvent répétées. « Il peut arriver fréquemment, dit M. Chapuis, dans les voyages de longs cours, que le pigeon soit obligé de passer plusieurs nuits hors de sa demeure habituelle, qu'il se voie contraint de chercher sa nourriture; et ce pauvre voyageur égaré est exposé à tant d'ennemis divers, qu'il doit user de la plus extrême prudence pour échapper à leurs atteintes. Tous les amateurs sont unanimes à cet égard, et ils affirment que si les vieux pigeons, ceux qui ont pris part à de nombreux concours, parviennent à regagner leur gîte, cela tient à la manière dont ils s'abritent pour passer la nuit, et à la facilité avec laquelle ils savent découvrir leur nourriture. » Et nous devons dire que maintenant on se hasarde peu à imposer aux pigeons voyageurs des voyages dépassant 1 200 kilomètres au plus, car un grand nombre d'entre eux se perdent définitivement, et ce sont des bêtes de prix.

L'habitude du voyage rend le pigeon habile à éviter les oiseaux de proie, qui saisissent assez souvent au passage les jeunes messagers ailés peu accoutumés aux périls de la route. Il n'est pas, du reste, impossible de venir en aide aux pigeons; pour cela on les munit d'appareils qui font fuir leurs ennemis Les Chinois, par exemple, ont recours à un procédé ingénieux. Ils attachent à la queue de l'oiseau un petit système de tuyaux en bambou fort léger, qui forment sifflet sous l'influence d'un courant d'air énergique. Un voyageur, M. P. Champion, nous a donné à ce sujet de curieux renseignements.

Quand on se promène aux environs de Pékin, on est étonné d'entendre dans l'air des sifflements aigus et prolongés; or on ne voit au-dessus de soi qu'une nuée de pigeons qui traversent le ciel. Ce concert de sifflets diminue d'intensité à mesure que les oiseaux s'éloignent, et on est alors tenté de l'attribuer au

Fig. 11. — Sifflet chinois destiné à s'attacher à la queue des pigeons voyageurs pour les préserver des oiseaux de proie.

chant particulier de ces messagers ailés. Il n'en est rien cependant : ce bruit strident, tout artificiel, est produit par des sifflets attachés à la queue des pigeons. Ces instruments fonctionnent par le déplacement de l'air, ils produisent un bruissement énergique peu harmonieux, qui effraye et tient éloignés les oiseaux de proie. Les sifflets employés à cet usage sont fabriqués avec des courges ou avec de petits morceaux de bambou superposés, ils forment un ou plusieurs tuyaux dans lesquels on ménage des ouvertures (fig. 11). Quand l'air s'y engouffre, il est soumis à une série de vibrations qui se traduisent par des sons. Ces instruments, dont nous donnons un type exact, sont très légers, et ne pèsent que quelques grammes; on les attache à la naissance de la queue des pigeons, au moyen de fils qui passent sous les ailes.

TROISIÈME CAUSERIE

LES PERTURBATIONS ATMOSPHÉRIQUES

LE TONNERRE ET LA FOUDRE

Rien n'est plus imposant que le spectacle d'un orage. Les nuages épais qui obscurcissent le ciel; le sourd grondement du tonnerre dont les échos redoublent le sinistre fracas; les éblouissantes clartés qui jaillissent avec l'éclair; la foudre qui trace dans la voûte du firmament des zigzags de feu, et qui s'élance en longs traits lumineux comme le terrible messager de la destruction et de la mort, ont de tout temps frappé l'imagination des hommes et exercé sur eux une profonde impression.

Les anciens, dont l'esprit était entouré de toutes sortes de préjugés que n'avait pu encore dissiper la science naissante, regardaient le tonnerre comme un attribut des dieux de l'Olympe, et ils voyaient dans ce phénomène la colère du ciel. Les législateurs et les prêtres de l'antiquité profitèrent d'un fait naturel qui donnait du poids à leur autorité; ils retinrent les peuples dans l'erreur qui leur était si favorable, puisqu'elle leur permettait de les conduire par la crainte en se servant des météores pour imposer leur volonté, et en faisant parler le ciel pour appuyer leurs desseins politiques. Aussi voit-on l'origine divine du tonnerre apparaître à l'aurore des civilisations et au berceau de chaque peuple, pour prendre profondément racine dans les esprits.

Un grand poète latin, Lucrèce, en expliquant le tonnerre par le choc des nuages les uns contre les autres, protesta contre cet antique préjugé, mais son sentiment n'opposa qu'une faible barrière à l'erreur, et la superstition continua.

C'est au XVIe siècle seulement que les hommes, éclairés par les saines lumières de la science, devenus moins crédules et plus observateurs, se hasardèrent à étudier ce terrible météore. L'immortel Descartes souleva le premier la question ; mais bien des années devaient encore s'écouler avant qu'on parvînt à trouver le mot de l'énigme, avant que le tonnerre pût être inscrit sur la liste des phénomènes électriques. De son côté Boerhaave avait essayé de raisonner, mais il ne tarda pas à s'égarer dans des hypothèses fausses et excusables à son époque

Fig. 12. — Photographie instantanée d'un éclair.

Cependant ses idées prévalurent ; on admit avec lui que le tonnerre est dû à la réaction d'un mélange de nitre, de soufre, de fer, de matières huileuses et combustibles qui s'échappent de la terre pour s'amonceler dans les airs. Cette explication du tonnerre, qui semble absurde aujourd'hui, parut alors très plausible ; elle devint la théorie dominante, l'opinion classique, et suffit à contenter l'esprit des savants jusqu'au milieu du XVIIIe siècle.

Dès que l'on eut découvert l'étincelle électrique, on soupçonna la véritable cause du tonnerre. Wall, et plus tard Gray, comparèrent l'éclat de l'étincelle électrique à celui de l'éclair, et le bruit qui l'accompagne à celui du tonnerre, sans toutefois avoir eu d'autre intention que de faire un rapprochement curieux. La même idée est formulée plus nettement par un illustre savant français, Nollet; il a fait connaître les motifs qui lui font supposer que le tonnerre a pour cause l'électricité, et que les effets merveilleux qu'elle engendre entre nos mains ne sont « que de petites imitations de ces grands effets qui nous effrayent, et que tout dépend du même mécanisme ».

Quelques conjectures, quelques rapprochements heureux, étaient les seuls résultats auxquels on eût atteint, quand Franklin, en observant le tonnerre, en étudiant les phénomènes électriques, mit en parallèle les effets naturels et ceux qu'il obtenait artificiellement. Armé d'une bouteille de Leyde, il parvint à fondre des fils de métal par sa décharge, et à enlever la dorure d'un cadre en bois sans détériorer le bois. Il se rappela que la foudre fond de même l'argent dans une bourse qu'elle laisse intacte, et le fer d'une lance sans détruire le bois. Doué d'une admirable sagacité, d'une large conception, il sentit qu'il touchait du doigt la vérité; ses derniers doutes se dissipèrent et il acquit la certitude que le tonnerre est d'origine électrique. En faisant jaillir l'étincelle d'une bouteille de Leyde, il comprit qu'il rivalisait avec le ciel; en observant la lueur qui s'en échappe, le bruit qu'elle fait entendre et les effets qu'elle produit, il eut la persuasion qu'il avait sous les yeux l'imitation de l'éclair, du tonnerre et de la foudre.

Cependant il fallait à cet esprit positif des preuves plus irrécusables encore; il voulut constater la présence de l'électricité dans les nuages orageux, et il travailla à faire évanouir les derniers doutes qui troublait encore ses idées.

Il venait de découvrir le pouvoir des pointes sur le fluide électrique, et il pensa que l'on pourrait, avec le secours d'une pointe métallique, soutirer l'électricité condensée dans un nuage orageux. Il conçut l'idée de lancer dans les nuages un cerf-volant en soie, muni d'une tige métallique.

C'est en 1752 qu'il procéda à cette expérience. Craignant le ridicule qui s'attache à l'insuccès, il sortit de Philadelphie accompagné seulement de son jeune fils, et, dès qu'il fut loin de la ville, il plaça à contre-vent le cerf-volant, qui ne tarda pas à s'élever au milieu des nuages. Il n'obtint d'abord aucun résultat; mais la pluie qui tombait alors ayant mouillé la corde de retenue, il vit des filaments de chanvre se dresser. Approchant aussitôt la main d'une clef qui se trouvait suspendue à la corde, ce fut avec une bien vive émotion qu'il vit jaillir une première étincelle. Les nuages orageux renfermaient donc du courant électrique.

Un pas immense venait d'être fait dans la science de la météorologie, et cette expérience, qui conduisit Franklin à la découverte du paratonnerre, allait faire de lui un des bienfaiteurs de l'humanité.

Les travaux de Franklin sur l'électricité eurent en Europe un immense retentissement.

Ces travaux eurent la fortune de rencontrer le patronage d'un de nos plus grands naturalistes. La traduction des *Lettres de Franklin* sur la foudre tomba entre les mains de Buffon, qui comprit immédiatement la valeur de cet ouvrage : il appuya les nouvelles hypothèses de toute l'autorité de son génie, et excita un physicien, nommé d'Alibard, à réaliser une expérience conçue par Franklin. D'Alibard établit dans la plaine de Marty-la-Ville une barre de fer de quatorze mètres de hauteur montée sur une basse isolante. Le 10 mai 1752, il put tirer des étincelles du pied de la barre pendant le passage d'un nuage orageux.

Il résultait de ces expériences que les nuages orageux contiennent de grandes quantités d'électricité, ce qui met hors de doute l'origine du tonnerre, en rendant très facile l'explication de l'éclair et de la foudre.

L'éclair est une immense étincelle électrique partant entre deux nuages. Il affecte la forme en zigzag de l'étincelle, il en a la couleur; il en a l'instantanéité (fig. 12).

Les physiciens admettent l'existence de deux espèces d'électricités, l'une appelée *positive*, l'autre *négative*. Les deux électricités s'attirent.

Si donc deux nuages électrisés, l'un négativement, l'autre positivement, sont en présence, ils s'attireront, en produisant une lumière éclatante qui est l'éclair, et un bruit formidable qui constitue le tonnerre. La lumière parcourant l'espace avec une vitesse incomparablement plus grande que ne le fait le son, l'éclair est perçu par nos sens avant le tonnerre Disons, pour donner une idée de la différence de marche du son et de la lumière, que la lumière parcourt en une seconde le chemin que le son met trois heures quarante minutes à parcourir.

C'est ce qui explique pourquoi les *éclairs de chaleur*, qui forment souvent comme une illumination subite derrière les nuages, ne sont accompagnés d'aucun roulement de tonnerre; c'est qu'il sont dus à des décharges électriques lointaines dont le bruit ne parvient pas jusqu'à l'observateur, et dont la lumière, au contraire, en se réfléchissant dans les nuages, est perçue à des distances quelquefois considérables.

Quand un nuage électrisé est rapproché de la terre, il décompose par influence l'électricité neutre du sol : les deux électricités de nom contraire mises en présence se joignent à travers l'air, et le point du sol où aboutit l'étincelle est *foudroyé*. Rien n'est plus capricieux que la foudre. Ses effets sont des plus variés et des plus inattendus; quelquefois même ils semblent tenir du prodige. Dans notre prochaine causerie nous ferons l'histoire de la foudre, et nous verrons aussi comment on peut se préserver de l'action redoutable de ce météore.

Les résultats acquis par la physique moderne ont permis, grâce au paratonnerre, d'éviter sa terrible influence, en même temps qu'ils ont expliqué la cause de ces phénomènes qui pendant tant de siècles ont troublé l'imagination des hommes. Et la science fait maintenant de tels progrès, qu'elle est à même d'imiter et de reproduire sur une échelle réduite les gigantesques coups de foudre. Elle produit en effet de l'électricité, bien autrement qu'avec la simple bouteille de Leyde, en l'employant aux usages les plus divers, comme nous le verrons, et cette électricité est absolument la même que celle qui se dégage entre les nuages, et donne lieu aux formidables coups de tonnerre qui grondent les jours d'orage.

QUATRIÈME CAUSERIE

LES EFFETS DE LA FOUDRE ET LES MOYENS DE S'EN GARANTIR

Je viens de vous dire que les effets de la foudre sont semblables à ceux que les physiciens produisent avec l'étincelle des machines électriques; seulement ils sont d'une intensité autrement considérable : la foudre est à l'étincelle électrique ce que la puissance de la nature est à la faiblesse de l'homme. Et le sujet est trop intéressant pour que nous n'y revenions pas.

La foudre fond les métaux qui se trouvent dans nos habitations, tels que des cordons de sonnette, des chaînes en fer et même les cloches d'une grande dimension; elle se plaît souvent à produire les effets les plus singuliers, comme de mettre en fusion une épée sans altérer le fourreau qui l'entoure. Quand elle frappe certains terrains sablonneux, elle fond le sable, en formant un tube vitrifié qui prend l'aspect d'un vaste cylindre, atteignant quelquefois une hauteur de 10 mètres et un diamètre de 1 mètre. Ces *fulgurites* ou *tubes fulminaires* ont été souvent observés dans différents pays, sans être expliqués d'abord. Mais on a depuis saisi la nature sur le fait, et d'ailleurs, en déchargeant une grande batterie électrique au Conservatoire des arts et métiers à travers des couches de verre pilé, on a reproduit ce phénomène, ce qui a fait disparaître toute incertitude sur la cause qui le produit.

La foudre brise les corps qui ne sont pas bons conducteurs de l'électricité : les pierres sont pulvérisées ou volent en éclats, les poutres se séparent en fragments menus, les arbres sont calcinés et fendus, divisés en feuillets qui tombent facilement en poussière au moindre choc; les murs sont perforés, souvent même renversés. En 1762 le tonnerre tomba en Cornouailles ; il démolit la tourelle d'une église, et projeta à 55 mètres de distance une pierre qui pesait plus de 100 kilogrammes. Des personnes foudroyées ont quelquefois été lancées à des distances de 30 mètres. En 1852, à Cherbourg, un bas mât de vaisseau,

Fig. 13. — Souliers déchiquetés par la foudre.

frappé par la foudre, fut lancé dans l'espace avec une telle violence, qu'il traversa, comme l'aurait fait un boulet de canon, une cloison en chêne située à 80 mètres de distance.

En 1809, près de Manchester, un mur du poids de 26 000 kilogrammes fut arraché de ses fondations et déplacé de 3 mètres.

Douée d'une puissance mécanique si énergique, la foudre est capable de produire des réactions chimiques ; elle agit sur les corps qui s'offrent à son passage, et les décompose ou les combine les uns avec les autres.

L'éclair, qui jaillit dans l'atmosphère, unit l'azote et l'oxygène de l'air pour former de l'acide azotique ou nitrique. Ce fait explique la présence de ce dernier acide dans les eaux de pluie. On attribue la formation du salpêtre naturel ou azotate de potasse, appelé vulgairement nitrate, à la présence de l'acide nitrique qui existe dans l'air. M. Boussingault a en effet constaté, en Amérique, que le salpêtre se forme avec une abondance d'autant plus grande que les orages sont plus fréquents. Ainsi le tonnerre serait une des causes de la production du salpêtre que l'homme emploie pour fabriquer la poudre à canon, cette autre foudre dont il fait un si terrible usage, et aussi de ces nitrates qui constituent des engrais précieux pour l'agriculture.

Sans parler des effets magnétiques de la foudre, qui amènent des perturbations dans l'aiguille de la boussole, ou qui donnent la propriété de l'aimant à des masses d'acier, nous arriverons à une de ses actions les plus redoutables, en exposant avec un peu plus de détails les effets qu'elle exerce sur l'homme et les animaux.

L'homme et les animaux atteints par la foudre sont renversés, blessés ou tués (fig. 14). Quelquefois le cadavre est intact, et aucune marque extérieure n'atteste le passage du terrible météore; plus souvent de longs sillons où la peau est enlevée, des plaies d'où jaillit le sang, des brûlures, des perforations se font voir dans les différentes parties du corps. Congestion du cerveau, épanchement du sang hors des vaisseaux, voilà les effets produits intérieurement.

Les personnes foudroyées sont jetées violemment à terre, sans entendre le bruit du tonnerre, sans apercevoir l'éclat de l'étincelle, comme l'ont attesté celles qui sont revenues à la vie. Quand la foudre s'élance au milieu d'une foule, elle frappe de préférence certains individus, ce qui tient peut-être à leur organisation. Quelques personnes ont l'épiderme assez épais pour arrêter la décharge d'une bouteille de Leyde, ce qui pourrait les défendre du feu céleste, à peu près comme l'ont souvent fait les vêtements en soie ou en caoutchouc.

Le fluide électrique passe fréquemment entre les vêtements et la surface du corps; il suit sans doute la couche d'air rendue humide et conductrice par la transpiration; il brûle intérieurement ces vêtements sans les endommager extérieurement, et s'attaque surtout aux métaux. Les montres fondues dans la poche, les clous des souliers enlevés (fig. 13), ne sont ni des

Fig. 14. — Un chasseur déshabillé par la foudre.

contes, ni des fables : ces faits ont été souvent constatés, et nous donnons une photographie, caractéristique à ce point de vue, d'un chasseur américain qui fut frappé par la foudre, eut la chance de ne subir qu'un évanouissement, mais eut le corps couvert de brûlures et ses vêtements déchiquetés.

On a cité des exemples curieux où le tonnerre s'est présenté sous l'aspect d'une boule de feu, c'est ce qu'on appelle couramment la foudre *globulaire* (fig. 15). On a vu à Paris, en 1902, par exemple, dans une rue du quartier Montmartre, un globe de feu

Fig. 15. — Le tonnerre en boule.

se promener un certain temps à faible hauteur au-dessus du sol, pour éclater ensuite avec fracas, heureusement sans causer de dégâts sérieux. Ce phénomène a été observé impunément par des paysans, le 10 septembre 1845, dans une grange du village de Salagnac (Creuse). Ce globe de feu roula devant les témoins qui se sauvèrent et alla foudroyer un porc dans une étable voisine, il avait traversé de la paille sans y mettre le feu.

La foudre est quelquefois inoffensive, quelquefois même elle se signale par des bienfaits. En 1762, à Kent, le pasteur Winter, paralysé depuis un an, recevant une violente commotion due à la foudre qui traversait sa chambre, fut radicalement guéri. En 1819, à Niort, un malade, atteint depuis plusieurs années d'un rhumatisme aigu, vit le mal s'évanouir comme par enchantement, après avoir été renversé par le tonnerre. Mais il ne faut pas se fier à cette médication.

On cite encore des effets remarquables produits par la foudre, qui est capable de produire des images photo-électriques, en jouant ainsi le rôle d'un photographe d'un nouveau genre. En 1902, dans le Valais suisse, un marmiton, dans une cuisine d'hôtel, reçut au côté une commotion électrique qui laissa sur sa peau l'image parfaite d'un sapin sur lequel la foudre était tombée en face de l'hôtel. Dernièrement un enfant foudroyé sur un peuplier où il déniche des oiseaux, porte sur la poitrine l'image du nid et de la branche qui le porte.

D'après des calculs de statistique faits avec le plus grand soin, on a établi une moyenne d'une centaine de personnes tuées annuellement en France par l'action de la foudre.

Les chances que l'on a d'être foudroyé sont donc assez insignifiantes, pour qu'il ne soit pas nécessaire de se croire en danger de mort chaque fois qu'une étincelle électrique jaillit entre deux nuages. Cependant nous croyons utile de faire connaître quelques précautions à prendre en temps d'orage.

Dans l'antiquité, on avait de singuliers moyens de se défendre des effets du tonnerre. Pline affirme que le laurier n'est jamais frappé par la foudre; aussi cette plante était souvent employée pour entourer les temples ou les maisons et les protéger en temps d'orage. On croyait de son temps que la foudre ne descendait jamais à plus de cinq pieds sous terre, et l'histoire nous rapporte que l'empereur Auguste se sauvait au fond de ses caves dès que le grondement du tonnerre se faisait entendre; on croyait encore que les peaux de phoques étaient un excellent préservatif contre le feu du ciel, et que les personnes couchées n'étaient jamais frappées par la foudre.

Une croyance analogue est encore admise dans les campagnes, et plus d'une personne pusillanime s'est enfouie sous un matelas pour échapper à la fureur du tonnerre.

Quand l'éclair illumine le ciel au milieu des nuages épais, quand la foudre gronde, il faut éviter, si l'on est hors des villes, de se mettre à l'abri sous des arbres isolés, car ils sont souvent foudroyés, ou contre des clochers, car ils le sont plus souvent encore.

Cardan rapporte que huit moissonneurs prenant leur repas sous un chêne furent frappés tous les huit en même temps par un coup de foudre, et qu'ils se trouvèrent pétrifiés par la mort, dans la position même où ils se trouvaient une seconde auparavant.

En temps d'orage, les personnes réunies dans les églises dépourvues de paratonnerre courent un véritable danger.

En 1718, dans un seul orage, la foudre tomba sur vingt-quatre églises peu distantes les unes des autres.

Dans les maisons, il faut éviter les courants d'air, tenir les fenêtres fermées, s'éloigner des masses métalliques. On est plus en sûreté au milieu d'une chambre que près des murs et des angles, etc.

En rase campagne, on doit s'éloigner des parties élevées du terrain. Si l'on peut trouver un grand arbre, en se plaçant à une distance de son pied égale à peu près à sa hauteur, on est presque complètement en sûreté, car l'arbre, à cause de sa hauteur, sera presque toujours frappé de préférence.

Franklin, pour se garantir de la foudre dans l'intérieur des maisons, conseilla d'abord de se coucher dans un hamac suspendu par des cordons de soie; mais bientôt après, ayant découvert le pouvoir des pointes dont nous avons parlé plus haut, il songea à s'en servir pour décharger les nuages orageux.

Ce fut dans la patrie de ce grand physicien que furent installés les premiers paratonnerres.

Un paratonnerre consiste en une barre de fer verticale terminée par une pointe en platine, et communiquant avec le sol au moyen d'un *conducteur* métallique non interrompu. Le conducteur, isolé du bâtiment ou du monument qu'il protège, pénètre dans le fond d'un puits ou se dirige dans un orifice souterrain rempli de cendre (ou encore d'eau), parce que la cendre, douée de la propriété de s'électriser, dissémine le fluide dans les entrailles de la terre.

L'efficacité du paratonnerre s'étend seulement à une certaine distance : on admet que la tige métallique préserve les points placés dans un cercle dont le rayon est égal au double de sa hauteur. Il faut donc armer les grands monuments de plusieurs paratonnerres, que l'on place respectivement à des distances égales à quatre fois leur hauteur.

Tous les détails relatifs à la disposition des paratonnerres sont assez connus, mais le véritable rôle des tiges métalliques, l'explication de leur mode d'action le sont beaucoup moins, et nous allons essayer d'exposer brièvement la théorie qui explique leur influence sur les nuages orageux.

Le paratonnerre n'attire pas la foudre, comme on le croit souvent : quand un nuage orageux chargé d'électricité passe au-dessus de sa tige, le fluide neutre du paratonnerre est décomposé par influence : le fluide de même nom que celui du nuage est refoulé dans le sol, le fluide de nom contraire est attiré, d'après la loi énoncée antérieurement. Ce dernier fluide *s'échappe par la pointe* comme un liquide s'écoulerait par un robinet ouvert: il se porte vers le nuage et neutralise l'électricité qui s'y trouve. Le fluide qui s'écoule ainsi est visible pendant la nuit et produit cette aigrette lumineuse que l'on remarque souvent pendant les violents orages. Il serait fort dangereux de s'approcher alors du fil conducteur, car le fluide, au lieu de pénétrer dans le sol, pourrait se détourner sur l'imprudent trop rapproché et le frapper de mort.

Une foule d'observateurs ont constaté l'importance des paratonnerres, qui non seulement empêchent la foudre d'atteindre les monuments qu'ils dominent, mais qui sont encore capables d'apaiser les orages.

Ces appareils, dus au génie de Franklin, répandent encore leurs bienfaits sur les mers en défendant les navires des orages si fréquents dont ils ont à craindre les effets. Tous les physiciens d'ailleurs ne sont pas d'accord sur ce fait; quelques-uns ont accusé les paratonnerres d'être dangereux.

S'il arrive, malheureusement trop souvent, que la foudre tombe à côté du paratonnerre, en exerçant des effets terribles de destruction, on ne peut nier cependant que ces tiges métalliques n'aient une admirable efficacité pour combattre l'électricité du ciel, à condition d'être entretenues en bon état. La tige électrique inventée par Franklin a fait ses preuves, elle est à l'abri des attaques et sera toujours considérée à juste titre comme une des plus grandes inventions dont puissent se glorifier les temps modernes.

CINQUIÈME CAUSERIE

NEIGE, GRÊLE, CYCLONES ET TROMBES

Il y a bien d'autres choses curieuses ou redoutables dans les perturbations atmosphériques dont nous avons parlé précédemment : nous commencerons par la grêle, dont vous avez certainement vu souvent des manifestations, mais dont un des exemples les plus redoutables est devenu historique : c'est l'orage de grêle survenu en 1865 dans la vallée de l'Escaut.

La température, qui avait été brûlante auparavant, s'abaissa considérablement : tout faisait pressentir un orage. Le roulement du tonnerre ne tarda pas à se faire entendre, et des éclairs non interrompus jetèrent bientôt dans le ciel de sinistres lueurs. Cet orage remontait la vallée de Somme vers Péronne; il fondit, avec une rapidité surprenante, sur Vendhuile, le Catelet, Baurevoir, s'enfonça vers Bohain et Busigny, où il inonda le sol d'une pluie torrentielle. A Vendhuile, la chute de la grêle commença à quatre heures et demie : elle dura près d'une demi-heure pendant que l'ouragan, soulevant des tourbillons de poussière, se faisait sentir dans toute sa force.

Les grêlons étaient gros comme des balles de fusil; ils atteignirent, au Catelet, la grosseur d'œufs de pigeon et même d'œufs de poule; en les examinant attentivement, on reconnaissait qu'ils étaient formés par l'agglomération de petits grêlons faciles à distinguer.

La grêle accumulée sur le sol entravait le cours de l'eau qui la chassait devant elle, et, cet obstacle augmentant sans cesse, le torrent prit bientôt la forme d'une vague roulante de deux mètres au moins de hauteur et animée d'une telle vitesse, qu'elle ne suivait plus les parties déprimées du sol, et se précipitait en une effrayante avalanche renversant tout sur son passage.

Le fait le plus extraordinaire, c'est l'incalculable quantité de grêle qui est tombée à Vendhuile et au Catelet. Un petit contre-fossé du canal de Saint-Quentin reçut un tel volume d'eau et de grêle, que le flot franchit les rives du canal, balayant devant lui un tas de 800 hectolitres de charbon, avec lequel il se précipita dans le lit de la voie navigable, qu'il obstrua complètement.

Le lendemain, ce dépôt de grêle, s'étendant sur une longueur de 462 mètres et une largeur moyenne de 20 mètres, présentait en certains points une hauteur qui dépassait 5 mètres; il formait ainsi un volume de plus de 40 000 mètres cubes tellement compact, que l'eau d'amont, bien qu'élevée de 60 centimètres au-dessus de l'eau d'aval, baissa de 1 millimètre seulement en 24 heures. Ce dépôt constituait un véritable glacier sur lequel on pouvait marcher sans le moindre danger.

En aval du pont de Vendhuile, dans les prairies d'Ossu, où quelques fossés amènent les eaux de desséchement de 1 000 hectares seulement, le terrain fut couvert, sur 2 kilomètres de longueur et 200 mètres de largeur, de plus de 600 000 mètres cubes de grêlons, qui n'avaient pas encore disparu huit jours après ce mémorable orage.

Le volume des grêlons est variable, depuis quelques millimètres de diamètre jusqu'à dix centimètres et au delà. Leur forme est très variable. On cite des exemples de grêlons qui ont percé le toit des maisons et tué par leur chute de gros animaux. Et depuis quelques années la grêle est souvent des plus violentes en France.

Les grêlons sont généralement de forme sphéroïdale; quelquefois ils sont ovales, aplatis, irréguliers; on n'est pas encore arrivé à trouver l'explication complète de leur formation et la théorie de la grêle est imparfaitement connue. Les anciens considéraient les nuages à grêle comme des morceaux de glace qui se brisaient en petits morceaux.

Il est un autre phénomène atmosphérique que vous connaissez bien, et qui, pour être moins redoutable, n'en mérite pas moins d'attirer l'attention : c'est la neige. Vous en avez vu tomber évidemment parfois; mais, tout en faisant des boules et peut-être des bonshommes, vous n'avez pas sans doute remarqué les formes extraordinaires des petits cristaux accrochés les uns aux autres qui constituent les flocons. Pour les bien voir, il faut un microscope, et ils se présentent alors sous les formes si variées que je mets sous vos yeux (fig. 16).

Cette neige, ce n'est pas autre chose que de l'eau solidifiée en petits cristaux étoilés, de cette eau, qui flotte constamment dans l'air au-dessus de nos têtes, et qui se précipite si souvent sur le sol sous forme de pluie. Les gouttelettes qui composent les nuages se congèlent quand il vient un refroidissement dans les hautes régions de l'atmosphère au-dessus de notre tête, elles peuvent encore flotter un certain temps en l'air; mais elles

Fig. 16. — Les formes diverses des flocons de neige.

tombent à un moment donné, pour des raisons que je ne pourrais vous expliquer, et le sol se couvre d'une couche plus ou moins épaisse de neige. C'est d'ailleurs surtout dans les régions montagneuses, élevées, ou encore bien davantage vers les pôles, qu'il neige en grande abondance.

Arrivons à un des phénomènes les plus terribles de l'immense masse d'air qui nous baigne, phénomène qui est connu sous le nom de *cyclone* et de *trombe*.

Une trombe consiste en une colonne analogue à un nuage; elle est plus ou moins contournée; son sommet se perd dans le ciel, son pied est à la surface du sol. Animée d'un double mouvement de tournoiement et de déplacement, elle s'élance avec une rapidité que rien ne peut décrire, enlevant et détruisant tout ce qui s'offre à son passage. Le phénomène n'a qu'une faible durée, il ne se prolonge généralement pas au delà d'une heure.

Les trombes terrestres sont généralement précédées d'une

chaleur étouffante, d'un calme complet, d'un abaissement très rapide du baromètre.

Quand on assiste à la formation d'une trombe, on voit les nuages s'abaisser vers le sol et se mettre en communication avec lui, en même temps que s'élève un effroyable tourbillon de poussière et de corps légers qui entourent la colonne nuageuse. Cette colonne s'élance, animée d'une terrible puissance de destruction, et cause les plus épouvantables désastres : arbres, maisons, animaux sont enlevés dans le tourbillon; tout est entraîné par la trombe, tout tourne avec elle, et rien ne peut arrêter sa course vertigineuse (fig. 17). Dans le désert, le sable soulevé donne au phénomène un aspect particulier et non moins terrible.

Les trombes de mer se forment aussi pendant les grandes chaleurs. Un point de la base d'un nuage s'abaisse vers la mer en forme de protubérance conique qui s'allonge et s'incline sous l'action du vent (fig. 19). En même temps, les eaux de la mer semblent bouillonner, et forment un épais brouillard qui s'élève jusqu'à la rencontre du cône descendant : la trombe est constituée, et alors se fait entendre un bruit semblable à celui d'une cascade : malheur au navire qui se laisse engager dans le tourbillon; il est entraîné et submergé. Pour conjurer le danger, les marins lancent des boulets de canon dans la trombe. M Napier, ayant ainsi coupé une trombe en deux, vit les deux parties de la colonne, ballottées par le vent, tendre l'une vers l'autre pour s'unir de nouveau.

Les trombes ne sont pas très fréquentes dans nos climats; cependant bien des exemples s'en sont produits en France durant les dernières années, et l'on a pu contempler le spectacle des dévastations qu'elles peuvent causer. Une trombe qui dure un quart d'heure suffit à détruire une partie des récoltes, à déraciner des milliers d'arbres fruitiers et forestiers, à renverser plusieurs maisons, et à enlever des centaines de toitures avec leur charpentes, en les projetant à une distance souvent considérable Les habitants n'ont qu'à se réfugier dans les caves pour n'être pas engloutis sous les ruines de leurs maisons.

En 1896, en 1897, certaines parties de Paris ont été ravagées par des trombes, ressemblant beaucoup à cet autre phénomène atmosphérique dont je vais vous parler, et qui se nomme un cyclone. En 1890, Dreux et Saint-Claude, en 1897, Voiron furent ravagés de même.

Mais c'est surtout aux États-Unis et dans l'Amérique centrale

Fig. 17. — Une trombe terrestre.

que le vent se livre aux plus redoutables fantaisies, en créant assez souvent des trombes formidables, des tornades, ainsi qu'on les appelle. A Saint-Louis, en 1896, des centaines de maisons furent renversées; en 1893 Wellington avait été presque

Fig. 18. — Brins de paille projetés par un cyclone et ayant pénétré dans des morceaux d'écorce d'arbres.

rasé par un phénomène du même genre : cette ville est dans une région que fréquentent constamment les tornades. Aussi les enfants des écoles sont habitués, au son d'une cloche spéciale, à descendre en toute hâte dans les caves, où ils sont à l'abri des effondrements des murailles.

Fig. 19. — Une trombe en mer.

Le vent, dans sa violence épouvantable, se livre aux fantaisies les plus variées et les plus extraordinaires. Des trains sont soulevés des rails et jetés dans les champs, voitures et wagons retombent les roues en l'air. Des femmes, des hommes sont transportés à des centaines de mètres, et parfois heureusement sans blessures. On a vu des maisons soulevées tout d'une pièce et déposées un peu plus loin.

Les méfaits des cyclones sont encore plus redoutables. Il faut noter d'abord qu'un cyclone est fort analogue à une trombe, c'est pour ainsi dire une trombe d'une espèce particulièrement violente, ayant une puissance encore plus redoutable que celle des trombes ordinaires; ajoutons encore que ce qu'on appelle typhon en Asie, c'est la même chose qu'un cyclone en Amérique.

Le cyclone lui aussi se présente sous la forme d'un tourbillon circulaire qui se déplace continuellement en continuant de tourner sur lui-même; et nous donnons (fig. 20) une photographie qui n'a point été commode à prendre, mais donne parfaitement l'aspect du redoutable phénomène atmosphérique. C'est en somme un énorme nuage couleur de charbon qui s'avance en se reliant aux nuages noirs qui encombrent le ciel. Ce qui fait bien sentir la puissance extraordinaire de ces phénomènes atmosphériques, c'est qu'ils transforment en projectiles les choses qui, par leur légèreté, semblent le moins susceptibles de pénétrer dans des corps durs. Et nous donnons (fig. 18) la photographie de brins de paille qu'un cyclone a fait entrer dans des morceaux d'écorce comme un clou sous un coup de marteau.

En 1893, à Norman, une pelle fut saisie par un cyclone, et précipitée contre le tronc d'un chêne où elle dut entrer de la moitié de sa longueur, en dépit de la dureté du bois de chêne!

Chaque jour, le ciel nous fournit de nouveaux faits qui viennent s'ajouter à la liste déjà longue des observations enregistrées dans les annales de la météorologie, de cette science qui cache sous un nom pompeux des études à la portée de tous.

Elle s'occupe en effet de la connaissance du temps; on pourrait l'appeler vulgairement la science de la pluie et du beau temps. Ses instruments sont le baromètre, le thermomètre, l'hygromètre et la girouette; l'atmosphère terrestre est le domaine

Fig. 20. — Passage d'un cyclone aux États-Unis.

qu'elle parcourt. Mais il faut avouer que, jusqu'ici, elle n'a pas trouvé moyen de prévenir trombes ni cyclones; du moins elle commence à savoir en suivre la formation et la marche, et à nous avertir un certain temps à l'avance du danger qui nous menace.

SIXIÈME CAUSERIE

LES GRANDS FROIDS

Tous les ans nous avons de la neige et de la glace en France, mais on ne peut pas dire que nous en souffrions beaucoup, le thermomètre ne baisse pas considérablement; cependant de temps à autre, nous subissons un grand hiver exceptionnel.

Les grands froids qui ont sévi à Paris dans le courant du mois de décembre 1879 sont presque uniques dans l'histoire de notre capitale. Le *Bulletin international du bureau central météorologique de France* enregistre le mardi 9 décembre, à huit heures du matin, une température de 23°,9 au-dessous de zéro; quelques heures auparavant, M. Renou constatait à Saint-Maur, dans son observatoire du parc, une température sur la neige de 28° au-dessous de zéro, et à une heure du matin le thermomètre extérieur, dans cette même localité, donnait le lendemain 25°,6 au-dessous de zéro. Deux fois seulement, en 1788 et en 1795, le froid a sévi d'une façon presque aussi intense, le thermomètre ayant indiqué 21°,50 et 23°,50 au-dessous de zéro.

Voici ce que l'histoire fournit sur les hivers les plus remarquables. Ils ont été très rigoureux dans les années 763, 801, 1067, 1210, 1305, 1354, 1358, 1361, 1364, 1408, 1420, 1460, 1480, 1493, 1507, 1522, 1600, 1608, 1638, 1657, 1663, 1670, 1677. Dans la suite, l'usage du thermomètre a permis de faire des observations certaines et d'enregistrer des chiffres comparatifs.

Il nous a paru curieux de recueillir quelques détails historiques sur les grands froids qui ont sévi depuis le VIe siècle jusqu'à nos jours.

La *Chronique de Saint-Denis* nous apprend que les hivers de

544 et 547 furent d'une excessive rigueur dans les Gaules, au point que les oiseaux gelés se laissaient prendre à la main. « Li oisel furent si destroit de faim et de froidure que on les prenait sus la noif aus mains sans nul engin. »

La même Chronique signale encore les hivers de 593, de 763, de 859, de 874, qui furent très froids et accompagnés du triste cortège de la famine et des épidémies. Le tiers de la population de la France périt, dit-on, à la suite de fléaux causés par le froid. La neige était d'une abondance telle, que les forêts, devenues inaccessibles, ne pouvaient plus fournir de bois.

Passons rapidement sur ces lugubres souvenirs en mentionnant les hivers des années 887, 940, 1020, 1043, 1067, comme ayant été aussi d'une excessive rigueur. En 1068, en Angleterre, la gelée amena une effroyable famine. Les hommes furent contraints de manger du chien, du cheval et même de la chair humaine, celle des victimes qu'abattait pêle-mêle le double fléau de la faim et d'un froid mortel. De 1076 à 1077, les gelées se prolongèrent pendant quatre mois en France et toutes les récoltes furent perdues. En 1124, on vit des anguilles quitter les étangs gelés du Brabant et se réfugier dans des granges, où le froid vint encore les saisir et les faire périr.

Des froids intolérables marquent encore les hivers de 1133, 1210, 1234, 1316, 1408. Pendant ce dernier, à la fin de janvier 1408, le *Petit-Pont*, construit à Paris, fut renversé par les glaçons lors de la débâcle de la Seine, ainsi que les maisons établies dessus. Le 31 du même mois, le Grand-Pont, dit aujourd'hui *Pont au Change*, éprouva une secousse si forte que quatorze boutiques de changeurs, qui y étaient construites, furent ruinées (*Registres du Parlement*). Le même jour le Pont-Neuf, quoique bâti en pierres, céda à la violence des eaux et entraîna avec lui les maisons qui s'y trouvaient. Pendant l'hiver de 1520, les loups affamés firent irruption jusque dans les faubourgs de notre capitale. Les pauvres gens, en proie à toutes les souffrances d'une faim dévorante, cherchaient des aliments dans les tas d'ordures.

Pierre de l'Estoile parle en ces termes de l'hiver de 1564 :

L'an mil cinq cent soixante-quatre,
La veille de la sainct Thomas,
Le grand hyver nous vint combattre,
Tuant les vieux noiers à tas;

Cent ans a qu'on ne vit tel cas;
Il dura trois mois sans lascher,
Un mois outre saint Mathias;
Qui fit beaucoup de gens fascher.

L'hiver de 1608, longtemps appelé aussi le *grand hiver*, frappa de mort un grand nombre de passants dans les rues. Le vin se gela dans un calice à l'église Saint-André-des-Arts. En 1657, tous les fleuves de l'Europe furent pris par la gelée, depuis la Fionie, où Charles X, roi de Suède, fit passer sa cavalerie à pied sec sur le petit Belt, transformé en une plaine de glace, jusqu'en Italie, où les voitures purent traverser le Tibre de la même façon.

En 1683, la Tamise tout entière fut gelée à Londres, et une foire put s'y organiser pendant près d'un mois. Une chasse au renard, un combat de taureaux eurent lieu sur le solide radeau de glace. Citons rapidement les hivers extraordinaires de 1709-10, de 1739-40, de 1742, ceux de 1762-63, de 1765-66 de 1767 et de 1776. Dans l'hiver de cette dernière année, la glace de la Seine s'étendait jusqu'à 8 kilomètres en mer à son embouchure, jusqu'au moment où la marée venait briser ce vaste plateau de liquide solidifié. Le courrier de Paris en Picardie fut trouvé mort de froid dans sa voiture quand il arriva à Clermont en Beauvaisis.

En 1710, les arbres gelèrent presque tous. Les blés furent entièrement gelés, et beaucoup de personnes en souffrirent.

Pendant l'hiver de 1788-89, il y eut à Paris plus de deux mois de gelées sans interruption Louis XVI fit allumer de grands feux dans les carrefours pour que les pauvres gens pussent s'y réchauffer. Ceux-ci, dans leur reconnaissance, contruisirent avec de la neige, à la barrière des Sergents, une immense effigie du roi. En 1788 et en 1789, le thermomètre marqua à Paris — 21°,5 et la glace s'étendit sur les rivages de nos côtes. En 1794, en 1795, en 1798, en 1799, en 1800, les hivers furent encore d'une rigueur extrême. Mais ce fut surtout en 1788-89 que le froid sévit avec une violence particulière dans toute l'Europe La neige, dans les rues de Paris, atteignit une hauteur de 64 centimètres. Le vin gelait dans toutes les caves, et la glace se forma dans les puits les plus profonds. Les rues de Rome et celles de Constantinople furent couvertes de neige pendant plusieurs semaines. Le thermomètre s'abaissa jusqu'à — 17 degrés à Marseille, — 37 à Bâle en Suisse, — 35 à Brême en Allemagne, — 32 à Saint-Pétersbourg.

La plus basse température qu'on ait vue se produire en France est de 31 degrés au-dessous de zéro. En étudiant les basses températures de notre siècle, nous mentionnerons les froids de 1812, si tristement mémorables dans notre histoire. Tandis que notre armée était soumise en Russie à l'action d'un froid de 36 à 37 degrés au-dessous de zéro, le thermomètre marquait à Paris 10 degrés. Après 1812, les hivers célèbres de notre siècle sont celui de 1829 à 1830, le plus précoce et le plus long des hivers du siècle, et ceux 1840, 1844, 1846, 1854, qui ont été également très froids. Depuis cette époque, il semble que nous soyons entrés momentanément dans une période de températures plus douces et plus ménagées. Cependant personne n'oubliera l'hiver 1870-71, où, pendant la terrible invasion prussienne, la rigueur des gelées semblait faire cause commune, contre nous, avec nos ennemis.

Nous ferons remarquer que les hivers rigoureux sont généralement de longue durée. En 1783-84 il y a eu soixante-neuf jours consécutifs de gelée, en 1788-89 cinquante jours continus, en 1794-95 on en a compté quarante-deux. Depuis le commencement du XIXe siècle, il est bien rare que le froid ait duré plus de trente jours.

Il est assez curieux de donner quelques détails sur ce qui s'est passé en 1879 à Paris, étant donné le caractère tout exceptionnel d'un pareil hiver sous nos climats, et sur les phénomènes qu'on a pu observer dans le lit de la Seine, phénomènes analogues en petit à ceux que rencontrent les explorateurs dans les régions polaires dont je vous dirai un mot tout à l'heure.

Après plus de trente jours consécutifs d'un froid rigoureux, la température s'est relevée tout à coup, à Paris, le 28 décembre 1879. La neige était tombée abondamment pendant les premiers jours du mois. Cette neige accumulée sur toute la surface du bassin de la Seine a fondu peu à peu, l'épaisse couche de glace qui recouvrait le fleuve ne tarda pas à perdre de sa solidité; et pendant plusieurs jours de suite elle se trouva soulevée et brisée çà et là.

La débâcle commença partiellement le 2 janvier 1880. Elle devint générale le samedi 3; dans la matinée, le phénomène s'accomplissait dans toute son intensité. L'eau du fleuve était littéralement cachée sous un monceau de glaçons accumulés et entassés pêle-mêle ; on les voyait courir avec une rapidité saisissante, entraînant des bateaux, des poutres, des tonneaux, des débris de toute nature, et frappant à la façon de formidables béliers les piliers des ponts, qu'ils ébranlaient

Dans le petit bras de la Seine, les glaces, également entraînées par un courant rapide, ont produit de nombreux désastres sous les yeux des milliers de spectateurs qui encombraient les quais. D'énormes blocs s'amoncellent pendant quelques minutes. C'est un amas de glaçons et de bateaux broyés.

La circulation ne tarde pas être interdite sur plusieurs ponts, tandis que les sergents de ville défendent de se rassembler sur quelques autres. Tout le petit bras de la Seine est de nouveau obstrué en moins d'une demi-heure, et les glaçons ne coulent plus que par le grand bras.

La crue de la Seine est extraordinaire depuis le matin. Le fleuve semble monter à vue d'œil. Dans l'espace de trois heures seulement, de dix heures à une heure, la crue est de 1 m. 50. En amont du Pont-Neuf, une partie des bains froids a sombré. De l'autre côté, entre le pont Saint-Michel et le Pont-Neuf, plusieurs bateaux ont coulé ou ont été broyés. Des familles entières de mariniers déménagent en toute hâte et transportent non sans difficultés leur mobilier et ustensiles de ménage sur le quai. A une heure et demie, les eaux marquent 5 m 80 à l'échelle du Pont-Royal. Le fleuve monte toujours. Le courant est d'une violence extrême. On pourrait comparer sa vitesse à celle d'un cheval au trot.

C'est au pont des Invalides que le désastre fut le plus grand. On sait que ce pont était en reconstruction depuis quelques mois, et qu'on avait dû établir en aval une étroite passerelle en bois pour la circulation du public. Les glaces sont venues s'accumuler dans les deux passes protégeant les travaux de reconstruction. On essaya de faire partir, à l'aide de la dynamite, l'amas énorme de glaçons accumulés et dont la plupart mesuraient de 35 à 40 centimètres d'épaisseur. Sous l'action brisante des cartouches explosives, des glaçons épais se disjoignaient et s'écroulaient en certains points, tandis qu'en d'autres l'explosion projetait de hautes gerbes d'eau et de glace. Malgré ces efforts, les deux passes ne tardèrent pas à s'engorger ; tout le milieu de la passerelle s'écroulait dans la Seine, et le tablier venait se dresser contre une des passes et la boucher. Pendant la nuit, la démolition de la passerelle continua sans trêve, et le samedi il en restait à peine trace.

Cependant les glaçons s'accumulaient contre les piles du pont des Invalides, les ébranlant de coups répétés. Peu après, la seconde arche du pont des Invalides, incapable de résister plus longtemps à la pression des glaces et au choc des épaves, s'effrondra tout entière.

C'est là un phénomène à peu près unique dans l'histoire de la météorologie de Paris.

Sous des climats plus septentrionaux que le nôtre, le froid peut atteindre une plus grande intensité. C'est ainsi que, pendant l'hiver de 1834 à 1835, qui fut assez doux en Europe, l'Amérique du Nord fut soumise à une température extraordirement basse. Tous les ports de Boston, de New-York et du rivage océanique furent entièrement gelés. Le 4 janvier, des voitures traversaient le Potomac transformé en un champ de glace. A Bancar, à Franconie, à Newport, le mercure des thermomètres gelait (40 degrés au-dessous de zéro) sous la même latitude que le midi de la France.

En Russie par exemple, qui n'est pourtant pas une contrée polaire, les hivers sont particulièrement rigoureux. Et nous donnons une vue prise en hiver du palais de justice de la ville de Novorossisk, au Caucase, qui est bien caractéristique à ce point de vue. Il faut dire que ce bâtiment n'est pas loin de la mer, et que les vagues qui venaient s'y briser étaient aussitôt congelées par le froid intense qui sévissait. Sur une maison voisine, exposée elle aussi aux vagues, du moins à l'eau que soulevait et qu'emportait le vent, il s'était formé une croûte glacée de 1 m. 25 d'épaisseur, et les habitants étaient bel et bien enfermés dans la maison par ce lourd manteau de glace (fig. 21).

Les choses se passent un peu de même pour les navires qui naviguent dans des régions très froides, quand les embruns et les vagues viennent mouiller leur pont, leurs mâts, leurs cordages, et que tout se trouve bientôt recouvert d'une sorte de carapace glacée.

Il va sans dire qu'il en est encore bien autrement pour les navires des expéditions polaires qui se hasardent dans les mers glacées conduisant vers le pôle.

Dans les régions boréales, l'air atteint très fréquemment une température capable de solidifier le mercure. D'après le capitaine Parry, à l'île Melville, le mercure est solide cinq mois sur

Fig. 21. — Un navire pris dans les glaces des mers polaires.

douze. Le corps humain supporte assez bien ces froids énormes. En lisant les livres de bord de Parry, de Ross, celui de Hayes et de bien d'autres, on voit que les hommes bien enveloppés de fourrures peuvent se promener, chasser ou circuler sur les champs de glace, dans des traîneaux attelés de chiens esqui-

Fig. 22. — Un monument d'une ville russe entièrement caché sous un revêtement de glace.

maux, au milieu d'une température assez basse pour congeler le mercure.

Quand l'air est calme, on ne souffre point réellement de ces températures extrêmes, lors même que le thermomètre marque 40 degrés au-dessous de zéro. Il en est tout autrement dès qu'une bise glacée vient agiter l'atmosphère. L'explorateur qui a risqué sa vie sur ces plages neigeuses endure alors de cruelles souffrances. C'est au milieu des mers boréales que l'homme a constaté les plus basses températures du globe Parry a vu le thermomètre à alcool marquer 40 degrés au-dessous de zéro dans l'île Melville. D'autres observateurs ont constaté 58 degrés centésimaux au fort Entreprise dans l'Amérique du Nord, 51 degrés à Nijnélaguilsk, dans les mots Ourals, — 54 à Nijné-Kolymsk, — 55 à Calès en Norvège, — 57 degrés le 17 janvier 1834 au fort Reliance, enfin — 58 degrés en 1829 à Iakoutsk en Sibérie.

Alors non seulement il faut s'envelopper de chaudes fourrures pour lutter contre ces températures extrêmes, mais encore la mer prend, comme on dit, se congèle sur toute sa surface, comme la Seine pendant le grand hiver de 1879, mais sur une bien plus grande épaisseur, car le froid dure pendant des jours et des jours, durant des mois sans réchauffement de la température. Et bientôt le navire qui porte les hardis explorateurs ne peut plus fendre la surface glacée : il demeure prisonnier, entouré de toutes parts de blocs énormes de glace qui se dressent menaçants et lui font une prison étroite (fig. **21**).

Et il ne faut pas se figurer que la glace forme ici une surface unie comme celle des lacs où vous avez peut-être patiné : ce sont de tous côtés des monticules, et on a bien plutôt l'impression d'une terre profondément labourée, d'un sol tout blanc soulevé par quelqu'une de ces éruptions volcaniques dont nous allons causer tout à l'heure.

SEPTIÈME CAUSERIE

LES SPECTACLES DE L'ATMOSPHÈRE

Nous avons vu à plusieurs reprises, dans le cours de nos causeries, quelle importance les phénomènes météorologiques peuvent prendre dans notre vie quotidienne. Nous allons y revenir encore une fois. On conçoit que tous les pays civilisés du monde s'efforcent d'étudier l'atmosphère, et d'arriver à pouvoir peut-être un jour prédire le temps futur, comme on prévoit à l'avance les éclipses, les événements astronomiques et les marées. La télégraphie électrique permet souvent d'annoncer l'arrivée d'un cyclone ou d'un orage dans une localité déterminée, car l'électricité est plus rapide encore que l'ouragan. Si un orage s'avance du sud au nord, il est facile de prévoir à l'avance les régions qu'il va atteindre, alors même qu'il n'est qu'à son début; et l'on publie maintenant des cartes avertissant le public (fig 23).

Les stations météorologiques organisées au sommet des montagnes, comme l'observatoire du Pic du Midi ou du Puy de Dôme, rendent aussi de très grands services, car c'est principalement dans les hautes régions de l'air qu'il faut chercher la cause des perturbations inférieures L'accumulation des neiges sur les hautes cimes, aussi bien dans le nouveau monde que dans l'ancien continent, et notamment dans les Alpes (fig 25 et 26), détermine souvent, par sa fusion rapide au commencement du printemps, des inondations plus ou moins importantes. En se précipitant en blocs sur les pentes, elles forment aussi les avalanches, qui souvent détruisent les habitations (fig. 24). Des observateurs postés dans les montagnes peuvent prévenir à l'avance les habitants des vallées des dangers qui les menacent.

Le spectacle de l'océan aérien offre par lui-même un grand attrait; je vais essayer de vous en faire comprendre les beautés.

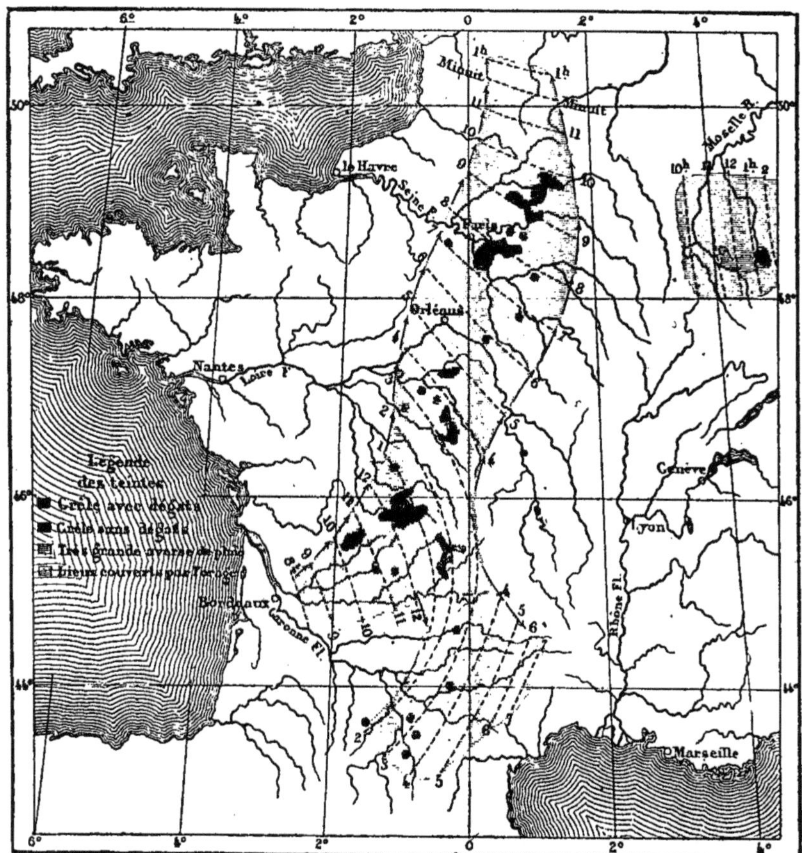

Fig. 23. — Une carte comme en dressent les météorologistes pour annoncer la marche de l'orage.

Plongés au fond de cet immense océan gazeux que l'on nomme l'atmosphère, nous ne connaissons pas les lois qui régissent les mouvements de ces flots invisibles, — pas plus que les êtres qui vivent au fond de la mer ne soupçonnent que des marées font osciller la surface des eaux, que des vagues écumantes se précipitent sur des falaises inconnues, qu'une phosphorescence superficielle illumine parfois, en longs rubans de feu, ces plaines liquides sans cesse en mouvement.

Nos sens si bornés nous ont caché longtemps l'existence de ce gaz impalpable qui entretient en nous la vie. L'homme a jeté les regards bien loin de la terre jusque dans les solitudes les plus éthérées, où étoiles et nébuleuses sont semées comme une céleste poussière, bien avant de fixer son attention sur l'air qu'il respire, sur l'air qui anime sans cesse tout son organisme!

Fig. 24. — Exemple de ravages des avalanches.

Que de réflexions suscitées par ces aspirations de l'esprit humain, que l'on voit s'élancer fièrement à la conquête des cieux avant d'avoir appris à visiter son propre domaine! N'est-on pas en droit de rappeler ici la fameuse maxime « Connais-toi toi-même » qu'a lancée avec un bon sens quelque peu railleur un ancien philosophe, et n'est-il pas permis de compléter cet aphorisme en disant : « Connais ta demeure, étudie ta maison, recherche les lois qui président à la vie du globe terrestre, observe ce navire flottant dans l'espace et qui, nuit et jour, entraîne à travers l'immensité l'humanité tout entière. »

C'est au XVIe siècle que de hardis navigateurs osèrent les premiers s'aventurer avec un héroïsme sans égal à la véritable conquête de l'Océan; c'est à notre époque que, pour la première fois, les hommes, interrogeant l'atmosphère, cherchent à en déchiffrer les mystères. De toutes parts des observatoires se

Fig. 25. — Un glacier dans la haute montagne.

construisent à la surface des continents, et tous les peuples civilisés ont aujourd'hui des savants qui consacrent leur intelligence à l'étude des phénomènes aériens. L'observatoire de Paris, celui de Montsouris, spécialement consacrés à la météorologie, ont partout des succursales ou des établissements rivaux, dont les résultats se complètent et s'enchaînent. Espérons qu'avec de telles ressources il ne faudra pas attendre plusieurs siècles encore pour que la science de l'air soit créée, pour que l'observation réponde à ces questions multiples que se pose la météorologie moderne!

Rien ne peut exciter plus vivement notre intérêt que l'air; enfouis dans les profondeurs de l'atmosphère, nous sommes constamment soumis à l'action de ses flots invisibles qui agissent différemment sur notre organisme, suivant qu'ils se précipitent impétueux et terribles, ou qu'ils se laissent mollement bercer dans l'espace. Quelle est la cause de ces variations? Pourquoi des nuages épais cachent-ils aujourd'hui l'azur du firmament, tandis que demain la voûte céleste, pure et radieuse, laissera filtrer jusqu'à nous les rayons vivifiants du soleil?

Ce n'est pas une vaine curiosité qui soulève ces problèmes; c'est un besoin sérieux et universel. C'est à l'air, plus qu'à l'Océan, que le marin confie sa vie et sa fortune; c'est à l'air que l'agriculteur demande la pluie ou la chaleur, et c'est l'air que le médecin accuse dans les épidémies. — Nulle science n'est plus utile, et nulle science n'a été plus négligée que celle de l'atmosphère, puisque, pendant des siècles, l'homme est allé jusqu'à se demander si l'air existait réellement. L'imagination et le bon sens populaire ont toujours fait justice de ces hésitations d'une science à son enfance, en peuplant les flots aériens de divinités charmantes. N'est-ce pas Éole qui gonflait autrefois la voile des navires, tandis que Borée et Aquilon, ses fils, parcouraient les forêts pour en faire tressaillir les rameaux verts sous leur souffle puissant?

La raison et la philosophie moderne ont éloigné ces êtres poétiques, ont fait oublier ces fictions souvent redoutables; la règle a succédé à l'arbitraire, et des forces dont on cherche à déterminer les lois ont remplacé les puissances occultes de la fable. Vue sous un jour nouveau, la nature n'en est pas moins belle, ses beautés n'en sont pas moins propres à élever l'esprit, et l'air, sans les dieux qui étaient censés l'animer, n'a rien perdu de son intérêt.

Si la mer nous frappe par sa grandeur saisissante, par le mugissement plaintif et mélodieux de ses flots, l'atmosphère nous réserve aussi des spectacles imposants qui ne méritent pas moins d'arrêter et de fixer notre attention. Quand l'air est débarrassé de vapeurs, et que le soleil en perce l'épaisseur, quel panorama plus attrayant que cet immense dôme d'azur s'élevant comme une voûte vaporeuse dont l'œil ne peut sonder la profondeur! Sa nuance bleue si pure et si belle se marie avec

Fig. 26. — Glacier inférieur de Grindelwald.

tous les tons, sa note est toujours à l'unisson dans la gamme des couleurs; on dirait qu'elle s'harmonise avec notre âme, en y jetant je ne sais quelle sensation d'une secrète joie.

Si le ciel, au contraire, est masqué par un écran de nuages obscurs, si la brume et les vapeurs épaisses sont suspendues dans l'espace, les êtres vivants ne peuvent se défendre d'une

Fig. 27. — Une aurore boréale.

inquiétude réelle, quoique mal définie; la nature, triste et anxieuse, attend un réveil, c'est-à-dire le moment où l'air aura retrouvé sa limpidité sereine.

La science de l'air répond à tous les besoins les plus impérieux des sociétés; quand elle sera fondée, l'agriculteur pourra fructueusement cultiver le sol, et le marin perdu dans l'immensité des mers ne sera plus surpris à l'improviste par le cyclone terrible ou par l'ouragan furieux. Il est à regretter que l'on soit resté si longtemps à disserter sur la cause des mouvements de l'air sans en mieux étudier la nature, sans que l'observation soit venue dévoiler les solutions nombreuses des mille problèmes que nous voyons énoncés au sein des plaines de l'air. Quelles investigations offrent plus de charmes, plus d'attrait que celles de la météorologie? Quelle étude plus attachante que de suivre le nuage mollement balancé par les souffles du zéphyr, et de

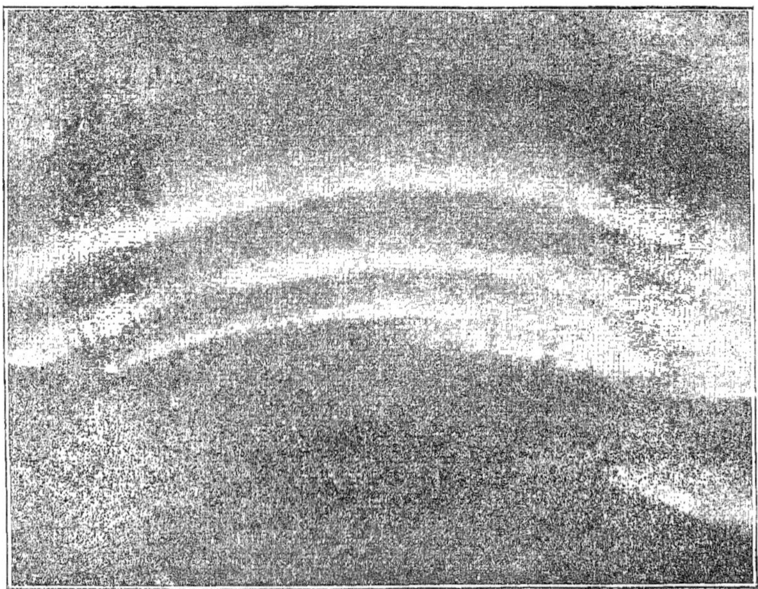

Fig. 28. — Une autre aurole boréale.

méditer sur le rôle sublime de la goutte d'eau qui vient, sous forme de pluie, fertiliser nos continents?

Les spectacles de l'air sont toujours grandioses, toujours nouveaux et d'une variété infinie. Quand le jour va naître, les rayons du soleil, se réfléchissant sur les hautes régions de l'atmosphère, ne nous envoient d'abord qu'une faible lueur qui, d'instant en instant, augmente d'intensité, jusqu'à ce qu'elle devienne le jour, après l'avoir annoncé. Cette lueur, c'est l'aurore qui, par la décomposition des rayons solaires, produit toutes ces nuances suaves ou éclatantes dont les nuages se décorent au matin. Ces phénomènes de couleur ont été attribués par les poètes à la déesse aux doigts de rose, avant-courrière du soleil, parcourant sur son char les plages vaporeuses de l'air. Parfois c'est l'aurore *boréale*, beaucoup plus rare dans nos climats (fig. 27 et 28), qui illumine le ciel de flammes rouges, violettes, jaunes, vertes. L'aspect peut en varier à l'infini, mais est toujours aussi admirable. Parfois c'est un immense arc lumineux d'où s'élèvent des panaches colorés.

Si l'air n'existait pas, les rayons viendraient frapper la terre en ligne droite, il n'y aurait plus de ces gradations qui préparent la lumière étincelante ou la nuit ténébreuse, l'apparition et la disparition du soleil seraient subites, le grand jour succéderait à l'obscurité complète, et la nuit ferait instantanément place à la lumière. La nature, en ménageant cette lente succession de phénomènes, semble vouloir préparer la vie qui naît avec le jour et atténuer nos regrets quand il va s'éteindre. — Grâce à l'air, le soleil au matin se montre d'abord comme une lueur douce qui grandit sans interruption, et le soir son éclat s'affaiblit lentement et s'éteint sans qu'on y songe. La lumière se dissipe peu à peu, comme notre jeunesse, comme notre force, comme nos joies, comme notre existence même sans que nous en ayons, pour ainsi dire, conscience...

Et je pourrais vous dire encore que cette atmosphère qui nous baigne de toutes parts, faite d'oxygène et d'azote principalement, est sur le point sans doute, grâce aux progrès de science, de nous donner en quantité de l'oxygène qui sera précieux pour notre insdustrie, de l'azote qui suppléera les ressources insuffisantes d'engrais dont nous pouvons disposer pour notre agriculture.

HUITIÈME CAUSERIE

LES AÉROLITHES OU PIERRES TOMBÉES DU CIEL

Il n'y a pas beaucoup plus d'un siècle que les hommes instruits tournaient en dérision les crédules assez naïfs pour croire que des pierres pussent tomber du ciel. De même que Voltaire disait des fossiles qu'ils n'étaient que des coquilles détachées fortuitement des chapeaux de quelques pèlerins, on affirmait généralement que les aérolithes étaient uniquement nés de préjugés populaires. On se moquait des ignorants assez audacieux pour affirmer que les pierres qu'ils avaient vues tomber à leurs pieds, au milieu des campagnes, après avoir décrit dans l'espace une courbe lumineuse, fussent réellement venues des profondeurs du firmament. Au milieu même du XVIIIe siècle, on allait jusqu'à nier le phénomène des étoiles filantes (qui se rattache, comme nous allons le voir, à celui des aérolithes), bien que le fait soit facile à observer par une belle nuit d'été, bien qu'il ait été remarqué des philosophes mêmes de l'antiquité. Vous n'auriez qu'à parcourir ce livre curieux : l'*Histoire naturelle* de Pline, traduite en français, et vous y liriez ces lignes du philosophe ancien : « Quelquefois on voit courir des étoiles; ce phénomène n'arrive jamais au hasard, et sans être l'avant-coureur de cruels vents qui viennent de cette partie du ciel. On voit aussi des étoiles au ras de terre et même sur la surface de la mer. » Ptolémée appelait *trajections* ces étoiles filantes qui n'avaient pas échappé au regard des savants anciens; d'obscurs amis de la nature avaient constaté, tout comme ces écrivains, ce remarquable phénomène. Mais, dans une tradition de Pline datant de 1771, vous verriez le traducteur ajouter en note, en se faisant l'interprète des opinions de son époque : « Personne dans ce siècle n'admettra un phénomène de cette nature. Les anciens prenaient pour des étoiles tombantes de simples vapeurs phosphoriques qui prennent flamme et forment de longues traînées dans la moyenne région de l'air ».

C'est en 1803 que la science devait irrévocablement revenir sur ces erreurs. Une véritable averse de pierres tomba près de Laigle, et, après une étude attentive, on reconnut que plus de

Fig. 29. — Masse de fer météorologique trouvée en 1828 à Caille.

trois mille aérolithes, venus des profondeurs du ciel, s'étaient tout à coup disséminés sur la campagne. Depuis cette époque, on se dispute ces fragments de masses ferrugineuses qui atteignent notre planète ; de toutes parts des collections se forment où mille pierres tombées du ciel sont classées, réunies. Vous en verrez au Muséum d'histoire naturelle de Paris. On comprend aujourd'hui toute l'importance de l'étude de ces infiniment petits de l'espace, dont la faible dimension est compensée par l'énorme multitude.

Depuis que la chute des aérolithes est admise comme un fait irréfutable, on a cherché à expliquer la formation de ces débris que nous lancent les espaces célestes. Les opinions les plus singulières se sont produites avant qu'on soit arrivé à une doctrine sensée et naturelle. On a d'abord prétendu que les aérolithes étaient des *pierres de foudre* lancées par le tonnerre, sans se demander comment la foudre, étincelle électrique, pouvait subitement engendrer des masses ferrugineuses. Plus tard, Fréret affirme que ces substances tombées de l'atmosphère ont été lancées dans l'espace par les volcans terrestres. Des volcans terrestres on passa bientôt aux volcans lunaires, que l'on accusa d'envoyer aux hommes une véritable grêle de pierres et

Fig. 30. — Météore coupé et poli.

de projectiles. Laplace, Poisson et Biot étudièrent ce problème, et arrivèrent à conclure que des masses rocheuses, lancées par les volcans lunaires, pourraient arriver dans la sphère d'attraction terrestre, si elles étaient animées d'une vitesse de 2500 mètres par seconde. On fut longtemps à s'apercevoir de l'improbabilité de cette hypothèse, et c'est à Chladni qu'appartient l'honneur d'avoir débarrassé la théorie des aérolithes de toutes ces doctrines erronées. Ce savant physicien admit le premier que les aérolithes peuvent être considérés comme des débris de matière planétaire qui circulent dans l'espace et qui viennent frapper la terre quand ils pénètrent dans sa sphère d'attraction. Ces morceaux de planètes, étoiles filantes qui tracent dans le ciel une courbe lumineuse, bolides qui illuminent l'espace d'une longue traînée de feu, aérolithes qui tombent à la surface de notre sphéroïde, auraient tous une même origine; ils se rattacheraient à un même phénomène astronomique, qui jouerait dans les harmonies du monde un rôle de premier ordre.

On raconte qu'en Allemagne le baron de Reichenbach, voyant

un bolide sillonner le ciel, s'élance à cheval, et se met à chercher les traces de ce corps planétaire lumineux éclaté au-dessus de sa tête. Quelques instants après il ramasse une masse de fer toute brûlante dont il enrichit sa belle collection d'aérolithes. Il est rare que les traces des bolides soient aussi faciles à suivre, et il est certain que les trois quarts des corps que nous envoie le ciel sont engloutis dans les flots de la mer ou perdus dans les profondeurs des déserts. Il est toutefois très facile de reconnaître la présence des aérolithes, car ces corps sont presque

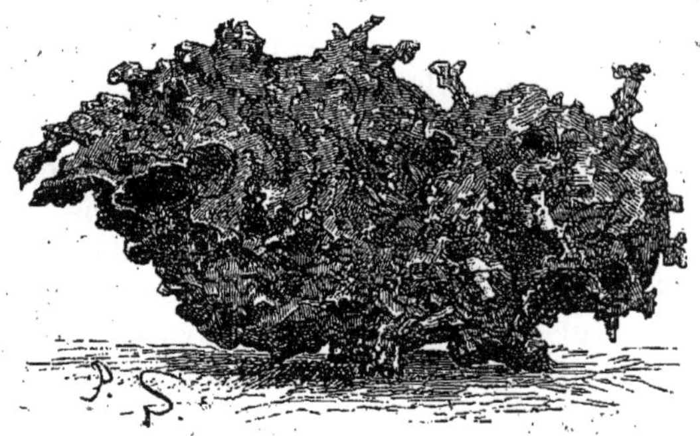

Fig. 31. — Fragment du fer de Pallas.

essentiellement formés de fer pur, qui se rencontre rarement à cet état dans notre sol. Les masses de fer que les voyageurs ont rencontrées au Chili, en Algérie et dans un grand nombre d'autres localités, sont évidemment d'origine céleste, et ont été lancées des espaces planétaires à la surface du globe.

Le nombre des aérolithes est considérable, et s'il est vrai que chaque bolide qui sillonne la voûte céleste peut nous lancer des parcelles de sa substance, on aurait eu raison d'affirmer que plus de dix millions d'aérolithes pénètrent annuellement dans notre atmosphère. La plupart du temps la pierre qui tombe du ciel est isolée, mais on cite plusieurs exemples de véritables pluies d'aérolithes. Dans la soirée du 15 mai 1864, un météore lumineux traversa le ciel et fut aperçu dans un grand nombre de localités en France. On le vit se séparer en plusieurs fragments semblables aux étoiles d'une fusée d'artifice, puis il disparut tout à coup. On entendit bientôt un bruit terrible, pareil au roulement du tonnerre, et, sur une superficie de deux lieues carrées, on ramassa une énorme quantité de masses de fer plus ou moins volumineuses. C'est ainsi qu'une collection d'aérolithes a pu être recueillie, et enrichir la belle galerie de minéralogie du Muséum. Grâce aux études remarquables de M. Daubrée, ces pierres tombées du ciel et recueillies dans toutes les parties du monde ont pu être cataloguées et soumises à une analyse chimique minutieuse.

Les corps qui entrent dans la constitution des aérolithes appartiennent à la classe de ceux qui forment les roches terrestres. Les pierres tombées du ciel sont généralement des masses de fer plus ou moins volumineuses; ce fer renferme une petite proportion d'autres métaux, tels que le nickel, le cobalt, le manganèse, le cuivre, etc. Si l'on ajoute à ces substances la silice, l'alumine, le soufre, le phosphore et le carbone, on aura à peu près la liste complète des corps qui composent les aérolithes. Un assez grand nombre de ces débris échappés des régions célestes sont formés de matières vitrifiées, pierreuses, et renferment dans leur masse des rognons de métaux divers.

Nous reproduisons ci-contre des gravures qui montrent la forme et l'aspect de quelques-uns des plus remarquables échantillons du Muséum d'histoire naturelle de Paris.

La figure 29 représente un aérolithe tombé à Caille, près de Grasse, dans le département des Alpes-Maritimes. Il ne pèse pas moins de 591 kilogrammes; sa masse renferme çà et là des rognons de sulfure de fer. Quelques-uns de ces rognons se sont détachés et ont produit les cavités qui se montrent à la surface extérieure de la pierre. Les figures 30 et 31 représentent d'autres aérolithes, de plus petites dimensions. Le premier pèse 12 kilogrammes et a été poli pour montrer sa disposition intérieure Le second est célèbre dans les annales de la science. Il représente un fragment d'une météorite connue sous le nom de *fer de Pallas*, et qui a été trouvée en Sibérie par le voyageur de ce nom, en 1776. Cette météorite ne pesait pas moins de 700 kilogrammes. La figure 32 représente une magnifique masse de fer trouvée dans l'île de Disco (Groenland), à Ovifak, par le naturaliste suédois M. Nordenskiold. Ce bloc de fer ne pèse pas moins de 20 000 kilogrammes; on n'est pas bien sûr qu'il s'agisse là effectivement d'un bloc météorique.

On peut affirmer qu'il n'est pas de jour où de nombreux aérolithes ne tombent à la surface de la terre; mais il est certaines époques de l'année où la chute des pierres célestes est plus abondante, et c'est précisément pendant les nuits où le phénomène des étoiles filantes se montre dans toute sa splendeur. — Vers les époques du 10 août et du 11 novembre les apparitions des étoiles filantes sont très nombreuses, et au lieu de cinq à huit traînées lumineuses que l'on pourrait apercevoir pendant toute la durée d'une nuit ordinaire, c'est par milliers que l'on compte les gerbes de feu qui sillonnent le ciel.

La période de novembre a surtout fourni des faits vraiment

Fig. 32. — Bloc de fer découvert à Ovifak en 1870 par M. Nordenskiold.

extraordinaires. Dans la nuit du 12 au 13 novembre 1833, Humboldt et Bonpland, qui se trouvaient à Cumana, rapporten que le ciel était littéralement traversé de part en part par d'innombrables traînées lumineuses qui traversaient constamment la voûte céleste du nord au sud. On aurait cru assister au spectacle d'un feu d'artifice tiré à une hauteur considérable.

A cette même époque, le phénomène n'était pas moins imposant dans un grand nombre d'autres régions, telles que le Brésil, le Groenland, l'Allemagne et la Guyane française. « On aperçut des météores, dit Arago, le long de la côte orientale de l'Amérique, depuis le golfe du Mexique jusqu'à Halifax, de neuf

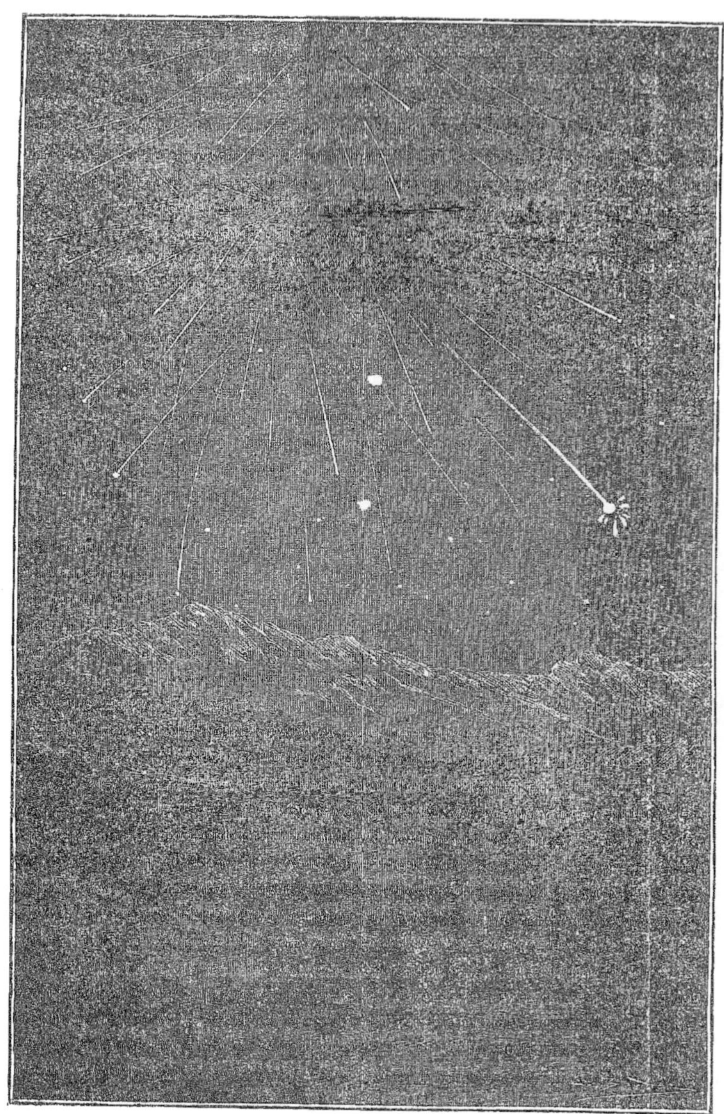

Fig. 33. — Une pluie d'étoiles filantes.

heures du soir au lever du soleil, et même dans quelques localités en plein jour, à huit heures du matin. Les étoiles étaient si nombreuses, elles se montraient dans tant de régions du ciel à la fois, qu'en essayant de les compter on ne pouvait guère espérer d'arriver qu'à de grossières approximations. L'observateur de Boston, M. Olmsted, disait qu'il en apparaissait à peu près autant que la moitié du nombre de flocons qu'on aperçoit dans l'air pendant une averse ordinaire de neige. Lorsque le phénomène se fut considérablement affaibli, il compta 650 étoiles en quinze minutes, quoiqu'il circonscrivît ses remarques à une

Fig. 34. — Météore observé dans le comté de Durham en octobre 1854.

étendue qui n'était pas le dixième de l'horizon. Ce nombre, suivant lui, n'était pas les deux tiers du total : ainsi, il aurait dû en trouver 866, et, pour tout l'hémisphère visible, 8 660. Ce dernier chiffre donnerait par heure 34 640 étoiles Or le phénomène dura plus de sept heures; donc le nombre de celles qui se montrèrent à Boston dépasse 240 000; car, on ne doit pas l'oublier, le calcul fut fait à un moment où le phénomène était déjà notablement dans son déclin. »

Ce phénomène prend quelquefois un aspect imposant même dans nos régions; le dessin que nous publions ci-contre (fig. 33) en est un remarquable témoignage.

En étudiant tous les ans ce merveilleux phénomène des étoiles filantes, on est arrivé à la découverte d'un fait de la plus haute importance. On a reconnu, en suivant la direction des routes tracées dans l'espace par les étoiles filantes, que le plus grand nombre rayonnaient dans tous les sens, en paraissant s'échapper d'un même point de la voûte céleste. Une étoile de la constellation du Lion est le centre d'où émanent les étoiles filantes de novembre, tandis qu'une autre étoile de Persée est le point de départ des étoiles du mois d'août. Ce fait nous apprend que les étoiles filantes sont des corps lumineux dont le mouvement est indépendant de la rotation terrestre; ajoutons que les points rayonnants du Lion et de Persée sont précisément ceux vers lesquels se dirige la terre aux deux époques de novembre et d'août. On est donc conduit à admettre que notre globe rencontre un anneau composé de myriades de petits corps circulant comme les planètes autour du soleil. L'analogie que présentent les bolides et les étoiles filantes, le fait d'aérolithes échappés des bolides en explosion, montrent d'une manière presque certaine, comme nous l'avons déjà dit, la similitude des causes qui engendrent ces phénomènes si merveilleux. Tous les jours le ciel jette sur notre globe de nouveaux échantillons des corpuscules planétaires qui parcourent l'espace, et la science, grâce à une étude approfondie, à des observations nombreuses, finira par connaître des lois qui régissent la chute des météorites. Ces problèmes sont bien dignes de fixer l'attention des savants, qui, par leur solution, seront conduits à expliquer quelques-unes des lois les plus importantes du monde infini qui nous entoure. L'étude des aérolithes offre un autre intérêt : la chimie, en analysant ces substances, détermine la composition des corpuscules planétaires qui se meuvent au-dessus de nos têtes. On se rappelle l'étonnement que produisit dans le monde savant la chute de l'aérolithe d'Orgueil, qui renfermait dans son sein une matière organique analogue à la houille, signe certain de la présence d'organismes vivants dans le point de l'espace d'où cette pierre s'est échappée. D'autres surprises sont réservées aux observateurs de l'avenir qui étudieront les météorites futures, merveilleux témoins de l'évolution des mondes extraterrestres!

NEUVIÈME CAUSERIE

LES VOLCANS

De trop tristes exemples sont venus montrer au monde que les volcans endormis depuis des siècles peuvent se réveiller soudain.

L'Etna, ce mont si célèbre, qui domine la belle province de Catane au milieu d'une végétation luxuriante, ce volcan que Pindare appelait « la colonne du ciel », le Vésuve, tout aussi célèbre que l'Etna, se sont réveillés tout à coup en 1878, après un long repos.

C'est dans le sein de l'Etna que furent engloutis, au dire de la fable, les géants Encelade et Typhon; c'est au fond de son cratère que Vulcain et les cyclopes forgeaient les foudres de Jupiter C'est l'Etna qui a englouti sous des torrents de feu Naxos, Inessa, Hybla, villes florissantes qui étaient autrefois la gloire de la Sicile.

En 1183, il donna la mort à quinze mille hommes qui étaient venus bâtir sur ses flancs verdoyants des villages et des hameaux; en 1609, en 1693, il vomit de toute part des laves et des matières incandescentes : ces deux dernières éruptions, les plus terribles de toutes, ensevelirent sous des fleuves de feu près de quatre-vingt mille hommes, et peu s'en fallut même que Catane ne fût détruite (fig 36). En 1754, en 1766 et en 1771, d'autres éruptions offrirent des spectacles pleins d'horreur et de majesté Nos gravures donnent une idée de la diversité d'aspect de ces terribles phénomènes pour divers grands volcans. En 1809, en 1830, en 1843, le sol de la Sicile fut encore soumis à quelques tremblements, causés par l'effervescence des feux souterrains auxquels l'immense cratère offre une issue toujours ouverte. Mais depuis longtemps les éruptions successives dimimaient d'intensité, et l'Etna, qui avait causé tant de désastres, semblait vouloir se reposer au milieu des ruines qu'il avait faites, comme un guerrier qui s'endormirait parmi les cadavres qu'il vient d'amonceler autour de lui.

Le 30 janvier 1865, on entendit dans le sein du volcan un roulement terrible accompagné d'un léger tremblement de terre : le flanc oriental de la montagne s'ouvre en se crevassant;

Fig. 35. — Intérieur du cratère du Vésuve.

l'air est obsurci par des flots de fumée, de cendres et de pierres qui jaillissent de l'énorme gouffre; une rivière de lave est vomie par cette plaie béante, et ne tarde pas à inonder les plaines environnantes.

La fureur de l'Etna va sans cesse alors en augmentant; six bouches sont ouvertes et vomissent sans relâche des matières volcaniques. Des paysans gémissent et pleurent devant ce spectacle de destruction, en voyant peu à peu disparaître leurs champs couverts de moissons, leur demeure, leur chaumière, leur pain ; ils perdent tout en quelques instants.

Le 3 février 1865, M. Viotti, accompagné de quelques autres hardis explorateurs, résolut de se rendre sur le théâtre du sinistre. Voici la description qu'il a donnée de cette effroyable éruption : « Arrivés au pied de la colline de Colla-Grande, nos guides refusèrent d'aller plus loin ; nous les laissâmes, et je

Fig. 36. — L'éruption de l'Etna en 1766.

marchai le premier à la lueur des laves ardentes, que nous côtoyons à une distance de quelques mètres. Nous atteignîmes ainsi le vallon de Colla-Grande. Il était quatre heures du matin.

Un spectacle aussi effrayant qu'imposant s'offrait à nos yeux. Un torrent de feu, large de 60 à 200 mètres, descendait avec une rapidité de 6 mètres par minute, entraînant à sa surface des blocs d'un volume considérable ».

M. Viotti ajoute qu'un perpétuel craquement se faisait entendre parmi cette mer de lave, au milieu de laquelle se dressaient des mamelons incandescents. Des pins transportés

Fig. 37. — Le sommet du Vésuve pendant une période de calme, avan l'éruption de 1906.

sur cette masse mouvante s'enflammaient tout à coup et jetaient aux alentours de sinistres clartés.

C'est près du grand cratère, dont la circonférence est de 400 mètres, que le spectacle se montrait dans toute sa majesté. Les détonations se succédaient : des nuages de fumée, des colonnes de lave jaillissaient dans l'espace, soulevant à une hauteur de 300 mètres d'énormes blocs de rochers.

La rapidité moyenne de la lave était de 10 mètres par minute, et son volume d'environ 8 millions de mètres cubes par jour. En une seule nuit, la vallée de Colla-Grande a été couverte d'un immense lac igné qui n'a pas moins de 60 mètres de profondeur.

Ainsi la belle province de Catane voit parfois jaillir de l'Etna des torrents de lave qui s'avancent comme une marée brûlante, détruisant tout sur leur passage; les villages bâtis au flanc même de la montagne, comme si, une fois la catastrophe passée, l'homme se plaisait à oublier qu'elle se renouvellera certainement, sont engloutis sous les scories et sous les cendres, et rien n'annonce que l'éruption soit à la veille d'apaiser sa fureur.

En 1879 l'Etna s'est réveillé encore, mais les feux lancés ne

Fig. 38. — Vapeurs sulfureuses s'échappant à la base d'un volcan.

tardèrent pas à diminuer d'intensité après une première éruption et finirent par disparaître tout à fait.

Le Stromboli, voisin de l'Etna, jette au contraire continuellement dans l'espace des lueurs plus ou moins intenses qui guident le navigateur pendant la nuit (fig. 40).

Il faut pardonner aux volcans les dangers auxquels il s'exposent le voisinage, en songeant aux services qu'ils rendent à la sécurité du monde entier. Que deviendrait notre globe, si les feux souterrains, toujours enfermés dans la croûte terrestre, n'avaient jamais d'issue, et si des volcans, ou, suivant l'expression imagée de Humboldt, des soupapes de sûreté n'avaient été réparties

Fig. 39. — Les nuées de cendre et de lave au-dessus de la ville de Saint-Pierre, à la Martinique.

dans les pays les plus exposés aux terribles effets de la chaleur centrale?

La terre serait toujours à la veille d'éclater, de faire explosion, et elle n'aurait peut-être à parcourir son orbite que pendant un petit nombre de tours, sans ces nombreuses cicatrices toujours prêtres à s'ouvrir pour offrir un passage aux laves, aux gaz et aux vapeurs. Si nombreux et si vastes que soient ces orifices béants, ils ne suffisent pas toujours à prévenir les bouleversements dus aux agitations des agents pluto-

Fig. 40. — Vue du Stromboli.

niens, quand la marée de feu qui mugit sous la couche terrestre est plus terrible que de coutume.

Ainsi les orifices ouverts par la lave du Vésuve en 1855 eurent beau donner une issue à des tourbillons de fumée et de cendres, couturer la montagne de nombreuses incisions d'où jaillissaient d'effroyables coulées; ils eurent beau en rider les flancs par de nombreuses cicatrices, ils ne purent sauver la Calabre du tremblement de terre qui causa la mort de plus de trente mille personnes et épouvanta l'Europe.

Les volcans, qui offrent un intérêt mêlé d'effroi, ont été l'objet des études d'un grand nombre de savants. On n'explique pas encore aujourd'hui leur formation et la cause de leurs éruptions d'une manière complète. On a étudié les produits que vomissaient les cratères, et, ces dernières années, MM. Deville et Fouqué, au moyen d'appareils ingénieux, purent emprisonner les vapeurs dégagées lors d'une éruption du Vésuve.

Une fois que les vapeurs volcaniques sont enfermées dans les tubes scellés à la lampe, elles appartiennent à la science. On peut les transporter dans les laboratoires, les analyser et les étudier.

Lors du paroxysme de l'explosion, le volcan lance dans

Fig. 41. — L'éruption de la montagne Pelée à la Martinique.

l'atmosphère d'abondantes fumées d'acide chlorhydrique. A ce gaz succèdent généralement l'acide sulfhydrique et l'acide sulfureux, puis enfin l'acide carbonique, gaz irrespirables et méphitiques qui donneraient la mort à quiconque s'avancerait trop près du cratère. On comprend que l'examen des matières vomies par un volcan est d'une grande importance, et peut amener à connaître les réactions chimiques qui se passent dans ces immenses creusets de la nature. Nous n'insisterons pas sur ce point, mais nous voulons dire quelques mots des éruptions sous-marines qui ont souvent eu lieu à des époques très rapprochées de nous, et qui viennent confirmer les hypothèses de la science sur l'existence d'un feu central au-dessous de la couche terrestre superficielle.

Les volcans ou les éruptions se présentent souvent sous les formes les plus bizarres. En 1796, à environ dix lieues de la pointe septentrionale d'Unalaska, une des îles Aléoutiennes, on vit s'élever une colonne de feu du sein de la mer; puis apparut, au milieu des eaux, un point noir d'où jaillit une pluie de matières incandescentes. Le phénomène continua pendant des

Fig. 42. — La ville de Saint-Pierre de la Martinique avant la dévastation.

mois, et l'île augmenta d'étendue de jour en jour; en 1806, elle offrit un cône immense, sur lequel s'en dessinèrent plusieurs autres d'une plus petite dimension.

La Méditerranée nous offre encore un remarquable exemple de ces singuliers phénomènes. Dans l'espace compris entre les îles Santorin, Therasia, etc., qui parurent à la surface de la mer plusieurs siècles avant notre ère, s'élevèrent successivement quelques îlots volcaniques. Les îles Milo, Argenterie, Polino, Paros ont une origine plutonienne, et les historiens anciens racontent leur curieuse formation. Une foule de phénomènes de ce genre confirment les récits de Plutarque, de Justin, de Pline et de Strabon, qui nous rapportent l'apparition de l'île de Hiera au milieu des flammes et d'une vive ébullition de la mer.

Les volcans, en donnant un libre débordement aux fleuves incandescents échappés des entrailles de notre globe, les tremblements de terre, en soumettant le sol à d'effroyables convulsions, nous démontrent, souvent avec trop d'énergie, que les forces mystérieuses qui ont dessiné le relief des continents sont toujours en action et travaillent encore sous nos pieds. N'y a-t-il pas lieu de s'inquiéter à l'idée des cataclysmes qui nous menacent? Est-il impossible que des montagnes volcaniques surgissent de nouveau, en prenant la place occupée jusque-là par des plaines?

S'il est probable que la terre restera assez longtemps intacte pour que les œuvres de notre civilisation puissent longtemps se développer, on ne peut cependant cesser complètement de redouter un bouleversement immédiat sur un point déterminé de notre planète. Et quand on voit en action ces forces formidables qui soumettent les montagnes à des déchirements terribles, on est effrayé de sa propre faiblesse devant la puissance de la nature.

« L'homme n'est qu'un roseau, a dit Pascal, le plus faible de la nature, mais c'est un roseau pensant. Il ne faut pas que l'univers entier s'arme pour l'écraser. Une vapeur, une goutte d'eau suffit pour le tuer. Mais quand l'univers l'écraserait, l'homme serait encore plus noble que ce qui le tue, parce qu'il sait qu'il meurt; et l'avantage que l'univers a sur lui, l'univers n'en sait rien. »

Ce problème des volcans est venu se poser cruellement à notre époque : on a revu à plusieurs reprises se produire des catastrophes analogues à celle de Pompeï et d'Herculanum, au temps des Romains Cela a été l'éruption épouvantable du Krakatoa, dans les îles de la Sonde, et le terrible et tout récent engloutissement de la ville de Saint-Pierre (avec ses milliers d'habitants), dans notre colonie de la Martinique. Dans cette circonstance ce ne furent pas seulement des flots de la lave, de matières en fusion qui engloutirent ville et habitants, ce ne furent pas seulement des nuages de cendres brûlantes qui étouffèrent les malheureux; ce furent encore des gaz ardents qui envahirent toute la région, en tuant heureusement les victimes si vite qu'elles n'eurent pas le temps de souffrir.

DIXIÈME CAUSERIE

LA CHALEUR ET LA PRODUCTION DES HAUTES TEMPÉRATURES

Dès l'antiquité la plus reculée, les hommes connaissaient les mathématiques et cultivaient cette sciences avec le plus grand succès, tandis que les sciences physiques et naturelles ne faisaient que des progrès insensibles. C'est que le raisonnement a été le premier instrument dont on s'est servi pour découvrir la vérité, et que la science des mathématiques est une pure conception qui obéit à ses lois; c'est que la méthode si fructueuse qu'on employait dans les sciences exactes devenait nuisible au progrès des autres sciences.

En effet, dans l'étude des mathématiques on admet quelques vérités évidentes, et, par une suite de raisonnements successifs, on forme une série de conclusions, qui s'enchaînent en conduisant à des résultats aussi certains que les axiomes qui en sont la base.

Les philosophes anciens, nourris de cette méthode, voulurent aussi l'employer dans les sciences physiques. Ils commencèrent par créer d'eux-mêmes des systèmes dont ils admettaient les principes, et espérèrent en tirer des conclusions capables d'expliquer les lois de la nature. En opérant ainsi, ils confondaient ensemble les vérités évidentes qu'admet forcément la raison, et les hypothèses, pures fictions de l'imagination.

C'est ainsi qu'Aristote et son école admettaient l'existence des quatre éléments : la terre, l'eau, l'air et le feu, et longtemps après lui les alchimistes, respectant la parole du maître, considérèrent cette doctrine erronée comme la base de leur science.

Après Aristote, les alchimistes allaient occuper le monde de leurs principes bizarres, et, s'il serait injuste de nier qu'on leur doit des découvertes importantes, il faut reconnaître qu'ils ont souvent pris de vains rêves pour la réalité, notamment dans la recherche qu'ils ont voulu faire de la pierre philosophale, c'est-à-dire de la fabrication de l'or de toutes pièces.

Trois hommes d'un génie immense, Bacon, Descartes et Galilée, opérèrent une salutaire révolution, et démontrèrent que les bases des sciences naturelles sont l'observation et l'expérience. Alors tout se coordonne, les faits se multiplient, et l'alchimie, science occulte où l'imagination jouait le plus grand rôle, allait donner naissance à la chimie moderne, science toute positive, qui conduisit aux plus admirables résultats.

On appelle *éléments* ou corps simples les substances qui, soumises à toutes les réactions que nous pouvons produire aujourd'hui, ne peuvent être transformées en d'autres substances.

L'eau n'est pas un élément, parce que l'électricité et la chaleur peuvent la décomposer, la dédoubler en deux corps simples, qui sont l'hydrogène et l'oxygène; l'air n'est pas un élément, parce que la chimie peut en extraire plusieurs corps, qui sont l'oxygène, l'azote, l'acide carbonique, etc.; la terre enfin, formée par l'union d'une foule de roches, de minéraux, capables de fournir plus de soixante-quatre corps simples, n'est pas non plus un élément.

Quant au feu, que les anciens rangeaient dans les éléments, ce n'est ni un corps simple ni un corps composé; le feu est une sorte de combinaison de chaleur et de lumière.

Qu'est-ce que la chaleur? On ne sait absolument rien sur la nature de cet agent, mais on peut en disposer, le produire à son gré, et en étudier les effets.

Quand on frotte violemment deux corps l'un contre l'autre, on élève leur température. Ainsi, en frottant deux morceaux de bois sec l'un contre l'autre, les sauvages arrivent à enflammer des feuilles sèches et à produire du feu (fig. 43).

Quand les corps se combinent entre eux, ils dégagent de la chaleur; du fer, réduit en particules très petites par des procédés chimiques, s'enflamme spontanément au contact de l'air (fig. 44); du charbon produit de la chaleur en brûlant, ou, en d'autres termes, en se combinant avec l'oxygène de l'air.

Ainsi, quand on élève la température d'un morceau de charbon, il se combine avec un des éléments constituants de l'air, se transforme en acide carbonique, et cette combinaison se manifeste par une production de chaleur et de lumière qui constitue le feu.

La combustion du charbon est un des modes de production de chaleur les plus usités; avec certains charbons, tels que le coke, on peut atteindre des températures très élevées, capables de faire entrer en fusion le cuivre, la fonte et une foule d'autres substances qui résistent à l'action d'un feu modéré.

Du coke chauffé dans des fourneaux spéciaux devient rouge. Si on continue à le faire brûler dans un courant d'air, on atteint la température du rouge blanc, puis celle du rouge bleu. C'est alors surtout, quand il fait sombre, que la couleur bleue se manifeste visiblement et caractérise bien ces hautes températures.

Quand on veut soumettre des substances à ces températures, une des difficultés qu'on éprouve est la fusibilité des creusets ordinaires. La chaux, l'alumine et le graphite sont les matières qui résistent le mieux; le platine peut fondre dans un creuset de chaux, et le cristal de roche s'y ramollit.

Au lieu de combiner le charbon avec l'oxygène pour produire de la chaleur, on peut employer des carbures d'hydrogène, tels que le gaz de l'éclairage, qui est aujourd'hui d'un usage répandu dans les laboratoires et dans les habitations.

On peut augmenter singulièrement la chaleur développée par ces carbures, en alimentant leur combustion non plus par de l'air, mais par de l'oxygène pur.

Lavoisier y songea dès qu'il put préparer en quantité suffisante le gaz comburant contenu dans l'air atmosphérique. En 1782, il construisit un petit appareil, un chalumeau, au moyen duquel on insufflait un courant d'oxygène sur un morceau de charbon en ignition. La température produite était capable de fondre le platine, qui est, comme on le sait, un des métaux qui résistent le mieux à l'action du feu, et qui ne se ramollirait en aucune façon dans les fourneaux les plus énergiques.

Enfin Lavoisier donna la première idée du chalumeau à gaz oxygène et hydrogène avec lequel on produit aujourd'hui de si remarquables effets.

Ce chalumeau consiste en un bec cylindrique par où s'échappe un jet de gaz hydrogène qu'on enflamme; au milieu de ce bec arrive un courant d'oxygène qu'on peut insuffler avec plus ou moins de force au moyen d'un soufflet. L'oxygène pur active la combustion de l'hydrogène, et, en dirigeant le jet de gaz enflammé sur certains métaux, on les fond et on les réduit même en vapeur avec la plus grande facilité.

La fusion du platine est une très belle expérience : le four en

Fig. 43. — Sauvage produisant du feu en frottant deux morceaux de bois l'un contre l'autre.

chaux qui contient le métal devient éblouissant dès qu'on y dirige le dard enflammé du chalumeau, le métal fond et devient du blanc le plus vif et le plus éclatant. C'est, dit M. Deville, « le plus beau spectacle qu'on puisse voir que ce ruisseau de feu tellement ardent, que, pour l'opérateur le plus exercé, il y a impossibilité presque complète de distinguer en même temps le métal et la lingotière dans laquelle le platine doit être coulé ».

La fusion du platine a lieu à 1 900°, et celle de l'or s'effectuant à 1 200°, on peut juger de l'intensité de cette chaleur artificielle.

Là ne se bornent pas les moyens de la science. Il est encore une source de chaleur plus grande que celle dont nous venons d'indiquer l'origine : c'est la machine dynamo et le courant électriques, employés dans le four électrique, dont nous dirons un mot plus loin.

Quand on lance un courant électrique énergique à travers deux cônes de charbon, en lui faisant traverser un certain espace entre ces deux conducteurs, il développe une quantité de chaleur énorme. L'or, l'argent, le platine, fondent et entrent même en vapeur; le charbon est volatilisé; le diamant se transforme en une matière noirâtre analogue au coke, et brûle comme un morceau de fusain.

Cet agent merveilleux qui fournit la lumière la plus éblouissante s'offre encore à nous comme la source d'une chaleur excessive, et doit être ainsi considéré comme l'instrument le plus précieux des métamorphoses de la matière. L'acétylène est venu lui aussi nous donner un moyen de produire des températures formidables.

Grâce à ces températures si énergiques dont on peut disposer aujourd'hui, la science du feu a fait des progrès surprenants. Les savants, pendant longtemps, ont admis qu'il y avait des corps qui résistaient à l'action de la chaleur; le platine, le diamant étaient rangés parmi ces substances; on les appelait *corps réfractaires*. A mesure qu'on a pu faire croître l'intensité de la chaleur artificielle, on a vu diminuer le nombre des corps réfractaires, et on peut affirmer aujourd'hui que toutes les substances du globe peuvent prendre les trois états, solide, liquide et gazeux, suivant les températures auxquelles elles sont soumises. L'eau, à la température de 0°, est à l'état de glace; de 0° à 100° elle est à l'état liquide; au delà de 100° elle entre en vapeur. Les métaux, qui sont solides à la température ordinaire, excepté le mercure, entrent en fusion à des températures plus ou moins élevées, et nous avons vu que le platine lui-même n'échappe pas à la loi commune. Les creusets de terre fondent dans les fourneaux à vent, le quartz se ramollit. S'il y a encore des corps sur lesquels nos moyens d'action soient impuissants, on peut tenir pour certain cependant qu'ils entreront aussi en fusion, car la science est capable de produire des températures plus élevées que celles dont nous avons disposé jusqu'ici.

La physique moderne, qui a créé des appareils produisant une chaleur de plus de 3000°, a su, au moyen de certains mélanges, soumettre les corps à une température de 200° au-dessous de zéro. Ayant démontré que les métaux peuvent tous entrer en fusion et passer même à l'état gazeux, elle a prouvé aussi que les corps gazeux, tels que le protoxyde d'azote, l'acide carbonique, peuvent affecter l'état liquide ou solide. L'appareil si connu de Thilorier, au moyen duquel on soumet à une formidable pression l'acide carbonique, liquéfie et solidifie ce gaz.

Fig. 44. — Fer en particules ténues brûlant au contact de l'air.

C'est au moyen d'un mélange d'acide carbonique solide et d'éther qu'on parvient à produire une température de 100° au-dessous de zéro. A cette température la plupart des liquides se solidifient; l'alcool et quelques autres produits résistent cependant; mais comme ils ont perdu leur fluidité, pour prendre une consistance sirupeuse, on voit qu'ils ne sont pas loin de leur point de solidification. Assez récemment, MM. Cailletet et Raoul Pictet sont arrivés à solidifier l'hydrogène et les autres gaz, jusqu'alors considérés comme des gaz *permanents*. On a fait encore mieux depuis, et l'air liquide se fabrique couramment.

C'est du reste au froid qu'on fait appel pour cela. Mais nous avons vu que la chaleur est un agent fertile en effets physiques très variés. Ses effets chimiques ne sont pas moins intéressants.

La chaleur est capable d'unir ensemble, de combiner, ou,

suivant le langage expressif des alchimistes, de marier les différents corps. Quand on chauffe du mercure au contact de l'air, il s'unit à l'oxygène de l'air et se transforme en une matière rouge, qui est de l'oxyde de mercure. Si l'on soumet cet oxyde à une température plus élevée, il se décompose et donne de l'oxygène et du mercure. Ainsi, la chaleur est capable de produire deux effets inverses : elle peut associer les corps entre eux; elle peut séparer deux corps unis ou combinés, et l'exemple que nous citons, loin d'être une exception, est plutôt la règle.

Il faut toutefois ajouter ici que, lorsque les corps se combinent, ils dégagent de la chaleur, et que, lorsqu'ils se décomposent, ils en absorbent.

Ainsi, la chaleur joue un très grand rôle dans les phénomènes chimiques et dans la constitution des corps. Si on analyse une substance quelconque, de l'eau par exemple, on trouve que cette eau est formée de deux gaz, l'hydrogène et l'oxygène; mais ces deux corps, en s'unissant, dégagent de la chaleur, et, en se séparant, en absorbent : la chaleur intervient donc aussi dans la constitution de l'eau, comme dans celle de tous les corps connus.

Quelle est la nature de la chaleur, quel est son rôle dans les réactions qui s'accomplissent au sein de l'immense laboratoire de la nature? C'est ce qu'on ignore encore, ou plutôt ce qu'on ne sait que très imparfaitement. Il faut ici avouer son ignorance et imiter la réserve d'Arago.

On demandait un jour à ce savant : « Qu'est-ce que la chaleur. — Je n'en sais rien, répondit l'illustre physicien. — Qu'est-ce que la lumière. — Je l'ignore. — Qu'est-ce que l'électricité. — Je l'ignore. — Mais alors, reprit l'interlocuteur, que savez-vous de plus que tout le monde? — Ce qui me distingue des ignorants, dit Arago, ce qui me vaut le titre de savant, c'est que je m'aperçois chaque jour que je ne sais rien, et je ne suis arrivé à connaître cette vérité qu'après une longue carrière d'étude et de travail. »

C'est malheureusement à quoi mène souvent la science bien comprise. Après avoir étudié les faits, observé les phénomènes de la nature, on rencontre, quand on approche de la cause, des obstacles infranchissables. Si l'on connaît les effets produits par la chaleur, on ne sait presque rien sur la nature de cet agent; mais, en utilisant ses propriétés, on n'en tire pas moins de grands avantages. Et ce qui prouve qu'on commence de pénétrer plus sûrement dans ce domaine mystérieux, c'est qu'au moyen du four électrique, d'une part, on fond le carbone pour fabriquer artificiellement du diamant, on obtient ce carbure de calcium qui donne l'acétylène D'autre part on sait ramener à l'état liquide tous les gaz, comme nous le disions, et l'on peut maintenant se procurer sous forme liquide l'air que nous respirons d'ordinaire, et qu'on ne connaissait qu'à l'état gazeux.

ONZIÈME CAUSERIE

L'ÉLECTRICITÉ, LA PILE ET LA MACHINE ÉLECTRIQUES

Le philosophe grec Thalès, qui vivait 600 ans avant notre ère, ayant un jour frotté avec une étoffe de laine un morceau d'ambre jaune, s'aperçut que cette substance pouvait acquérir la singulière propriété d'attirer les corps légers, tels que des barbes de plume ou des fétus de paille. Personne n'ignore que c'est du mot grec *electron* (ambre) que l'électricité a tiré son nom. C'est là tout ce que l'antiquité nous a légué en ce qui concerne les phénomènes électriques.

Pendant plus de deux mille ans le fait observé par Thalès devait rester complètement isolé.

Ce n'est que vers la fin du XVIe siècle que la science de l'électricité prit réellement naissance, grâce à la nouvelle méthode scientifique que venaient de créer Bacon, Descartes et Galilée.

Cette science eut pour père Guillaume Gilbert, qui, ayant repris l'expérience faite par les anciens sur l'ambre jaune, s'aperçut qu'un grand nombre de substances jouissaient de la propriété qui était regardée comme appartenant exclusivement à cette matière, et que le verre, le soufre, la plupart des pierres précieuses, etc., étaient capables d'attirer les corps légers quand on les frottait, ou, en d'autres termes, étaient capables de s'électriser par le frottement.

Gilbert laissa la science électrique dans l'enfance. Après lui, Otto de Guericke dota cette science de sa première machine. Il faisait tourner rapidement une sphère de soufre de manière qu'elle vînt frotter sur de la laine. Et quelle ne fut pas sa stupéfaction quand, approchant la main de cet appareil grossier, il en vit jaillir la première étincelle électrique! Cet habile physicien fit des observations qui devaient être les bases de la science nouvelle. Grey s'aperçut après lui que le *fluide électrique* pouvait être transmis à de grandes distances par certains corps, qu'il appela *conducteurs*, tandis qu'il ne pouvait pas l'être par d'autres, qu'il appela *mauvais conducteurs*. Il distingua aussi les corps en *électrisables* et *non électrisables*. Attachant à un tube de verre une petite corde de chanvre qui servit à maintenir de longs roseaux placés bout à bout, il termina l'extrémité du dernier roseau par une boule d'ivoire atteignant le sol, tandis que le tube de verre était placé sur le balcon de sa maison. Il frotta le verre, et la personne qui se trouvait à vingt-six pieds au-dessous de lui, dans la cour, reconnut que la boule d'ivoire qui terminait l'appareil jouissait, à un très haut degré, de l'attraction électrique. Le transport de l'électricité à distance était découvert.

Les progrès allaient dès lors se succéder rapidement. La machine grossière d'Otto de Guericke allait se perfectionner peu à peu et se transformer en ces puissants appareils qu'on fabrique aujourd'hui et qui sont capables de produire des étincelles assez puissantes pour imiter en tout point les terribles effets de la foudre. Et maintenant ce ne sont plus des appareils à frottement, mais des machines dynamos dont le fonctionnement est basé sur l'emploi de puissants aimants, et qui donnent à foison ce courant électrique rendant lumineuses des lampes spéciales, faisant marcher tramways ou convois de chemins de fer.

D'ailleurs, avant de découvrir les électro-aimants comme on dit, on allait constater que le frottement n'est pas la seule cause de la production du fluide électrique; que les phénomènes de combinaison chimique produisent aussi de l'électricité. Ce fut Volta qui eut l'honneur de découvrir ce fait et de créer, tout au commencement du XIXe siècle, la pile électrique qu'Arago appelle « le plus merveilleux instrument que les hommes aient jamais inventé ».

Ce sont les expériences de Galvani, professeur d'anatomie à Bologne, qui conduisirent Volta à cette mémorable découverte. Galvani s'occupait de recherches sur le fluide nerveux et étudiait l'action de l'électricité sur les nerfs. Ayant un jour, en 1786, attaché à un balcon en fer les membres inférieurs d'une grenouille au moyen d'un fil de cuivre, il vit, avec une surprise bien légitime, ces membres s'agiter convulsivement chaque fois que le vent les mettait en contact avec le fer du balcon (*fig.* 45). Il répéta cette expérience, et se trouva en possession d'un fait inattendu qui est devenu le point de départ des plus brillantes découvertes.

Pour expliquer ces contractions, Galvani supposa que les nerfs des animaux contenaient une certaine quantité d'électricité qui, passant dans un cercle métallique, excitait une commotion : pour lui, la grenouille jouait le rôle d'une bouteille de Leyde.

Cette théorie eut un succès presque universel, mais elle ne tarda pas à être vivement combattue. Volta, professeur de physique à Pavie, répéta l'expérience de Galvani, fut frappé de ce fait qu'il était nécessaire qu'il eût deux métaux différents, et, après une série d'admirables recherches et de travaux continuels, il arriva à conclure que le contact des deux métaux était la cause de la formation du courant électrique, et imagina un grand nombre d'expériences à l'appui de ce fait.

Une lutte mémorable s'éleva entre les deux savants, lutte aussi féconde qu'intéressante, puisque Galvani put démontrer l'existence de l'électricité animale et créer le galvanisme, tandis que Volta fournit à la science la pile électrique, s'élevant ainsi au rang des plus grands inventeurs. Et cependant Volta se trompait. Deux métaux en contact ne dégagent pas l'électricité; ils n'en produisent que lorsqu'il y a action chimique, lorsque l'un d'eux, par exemple, est attaqué par un acide, comme celui que donnent les muscles de la grenouille.

La pile de Volta était un appareil incapable de produire une action vraiment énergique. Elle a été perfectionnée depuis, et on se sert actuellement d'un instrument qui, fondé sur les mêmes principes, en diffère essentiellement quant à la forme et quant aux effets qu'il produit, la pile de Bunsen, et toutes les piles imaginées depuis lors. Là ne devait pas s'arrêter l'électricité; cet agent allait plus tard, grâce à la bobine de Ruhmkorff, aux dynamos, prendre une puissance merveilleuse, ce qui n'empêche pas la découverte de la pile électrique d'être un de ces faits qui font époque dans l'histoire de l'humanité, et lorsqu'elle fut réalisée en 1800 par Volta, tous les regards se dirigèrent vers ce nouvel appareil.

Source de chaleur et de lumière, force motrice, puissant agent d'action chimique, instrument des phénomènes physiologiques les plus variés, la pile électrique est un véritable Protée conçu par la science moderne.

Fig. 45. — Découverte de l'électricité animale par Galvani, le 20 septembre 1786.

Cette pile, capable de décomposer les substances que nous rencontrons sur le globe, allait conduire à la découverte de corps simples nouveaux, de métaux inconnus jusqu'alors; capable aussi de combiner les corps, elle allait fournir à la chimie des ressources qui devaient assurer à cette science une admirable puissance d'analyse et de synthèse; elle était destinée à produire une lumière analogue, par son éclat, à celle qui nous vient du soleil, et elle devait enfin donner naissance à la télégraphie électrique. De toutes les inventions modernes, la pile électrique est certainement la plus originale et la plus féconde, en ce sens qu'elle est universelle dans ses applications.

L'électricité, le courant électrique que nous devons à ces chercheurs, à Ampère et à d'autres, nous donne tous les moyens d'action; ils obéissent aveuglément à notre volonté. Grâce à la pile et aux machines dynamo-électriques, l'électricité est le messager rapide qui transmet nos dépêches; c'est le moteur qui peut accomplir nos travaux mécaniques, c'est l'agent mystérieux qui opère dans nos laboratoires l'analyse et la synthèse, qui peut faire adhérer les métaux précieux sur les métaux communs et servir à la dorure, à la galvanoplastie; faire adhérer le cuivre sur nos navires et leur assurer une longue durée; qui peut accomplir de remarquables effets physiologiques, et servir à la médecine; qui peut éclairer les plongeurs au fond des eaux, les mineurs au sein de la terre, qui est capable enfin de dissiper par ses rayons éclatants l'obscurité de la nuit. C'est elle aussi qui établit les communications téléphoniques, elle qui, au moyen des grosses machines produisant le courant à foison, met les voitures de tramways en mouvement, remplace la locomotive à vapeur sur nos chemins de fer par la locomotive électrique.

DOUZIÈME CAUSERIE

LES SOLEILS ARTIFICIELS

La lumière est aussi indispensable à la vie que la chaleur. Sans elle la nature serait plongée dans les ténèbres, et les êtres vivants ne tarderaient pas à périr s'ils étaient condamnés aux terreurs d'une nuit éternelle. La fleur a besoin de la lumière; les oiseaux et tous les animaux célèbrent, au lever de l'aurore, l'apparition de l'astre qui nous éclaire; les premiers hommes adoraient le soleil, qui, par son éclat, est le gardien de la vie, et ils se prosternaient devant le rayon de la lumière qui révèle le monde, le crée et le conserve.

La nuit a toujours été un sujet de crainte et de frayeur : les animaux plongés dans l'obscurité ne peuvent plus apercevoir leurs ennemis et ne peuvent pas s'en défendre : aussi avec quel soin, à l'origine du monde, les hommes allumaient-ils, dans les forêts, le feu qui éloignait les bêtes féroces en dissipant les ténèbres de la nuit.

Les premiers peuples qui ont habité la terre se servaient de torches de résine et les allumaient, en développant comme nous l'avons vu, par le frottement de deux morceaux de bois l'un contre l'autre, une température assez élevée pour produire la combustion de la matière inflammable; plus tard les Hébreux et les Égyptiens inventèrent la lampe et se servirent de l'huile comme mode d'éclairage.

Qu'il y a loin de ces torches et de ces lampes grossières à la lumière électrique, dont l'éclat est comparable à celui du soleil! Aujourd'hui le gaz, la lumière électrique, la lumière de Drummond, la lumière au magnésium, nous fournissent des rayons lumineux tels que l'œil ne peut en supporter l'éclat; ces lumières ont une intensité si considérable qu'on peut les qualifier de soleils artificiels.

Le célèbre chimiste anglais sir Humphry Davy, en terminant les deux pôles d'une pile énergique par deux morceaux de charbon, obtint le premier arc voltaïque ; il fit ainsi jaillir une gerbe de lumière d'un éclat éblouissant. Les flammes des lampes qu'il plaçait dans le voisinage ressemblaient à des corps rouges et sombres et projetaient des ombres, comme l'auraient fait des corps opaques.

Cette expérience célèbre fut longtemps considérée comme une curiosité scientifique. On ne put la répéter facilement que lorsque fut construite la pile de Bunsen, qui permet de produire cette vive lumière avec cinquante couples, au lieu des deux mille qu'employait Davy.

La lumière électrique ainsi vulgarisée, il fut possible de chercher quelles pouvaient en être les applications ; cependant ce ne fut que bien plus tard, lorsque les appareils régulateurs et les machines dynamos permirent de l'employer si facilement, qu'on put se familiariser avec elle.

Quand l'arc voltaïque jaillit entre deux charbons, ces charbons brûlent avec une grande rapidité, et la matière de l'un d'eux est volatilisée et transportée sur l'autre ; il en résulte que leur distance augmente et que bientôt, le circuit étant interrompu, la lumière cesse. Il suffit, pour la reproduire, de ramener les charbons à leur distance primitive. Les *régulateurs photo-électriques* ont pour but de maintenir constamment les charbons à la même distance et de permettre à l'arc voltaïque de fournir ainsi une lumière continue. Et ces régulateurs se retrouvent maintenant dans les divers types de lampes électriques que nous voyons fonctionner dans les rues, dans les magasins.

L'éclairage électrique débuta au théâtre. C'est en 1847 qu'il servit à produire à l'Opéra, dans *le Prophète*, un effet de soleil levant qui eut naturellement le plus grand succès.

Dès ce moment la cause de la lumière électrique était gagnée, et elle allait produire, dans les différents théâtres, les effets les plus merveilleux. Et, timidement d'abord, elle servit aussi plusieurs fois à l'éclairage des Champs-Élysées pendant les grandes fêtes publiques.

La lumière électrique ne devait pas tarder à trouver d'autres applications plus sérieuses, et après avoir fait son entrée dans le monde par les coulisses des théâtres, elle allait enfin prendre place dans les cours scientifiques.

Dans les cours de physique, la plupart des expériences

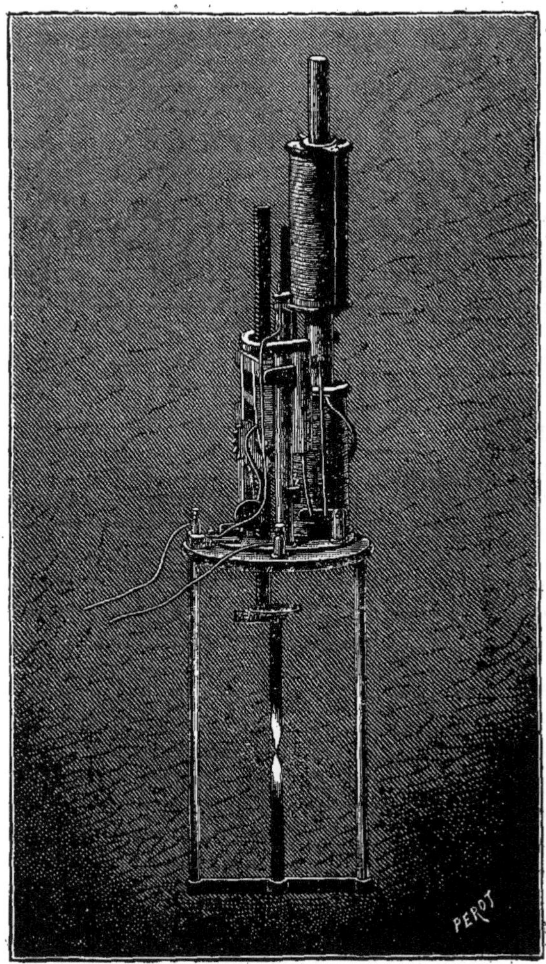

Fig. 46. — Une lampe électrique à arc sans son globe.

d'optique ne pouvaient être présentées au public par suite de l'absence de la lumière solaire, sur laquelle on ne peut jamais compter, car, au moment d'une expérience, il suffit qu'un nuage passe sur le disque de l'astre pour la rendre impossible, et d'ailleurs les cours qui se font le soir, comme au Conservatoire, devaient négliger les expériences les plus intéressantes faute de lumière. La lumière électrique, fournissant des rayons lumineux d'une intensité sans pareille, permit d'exécuter ces expériences et de les rendre visibles en même temps à un nombreux auditoire, en projetant sur un écran le phénomène réalisé sur une petite échelle.

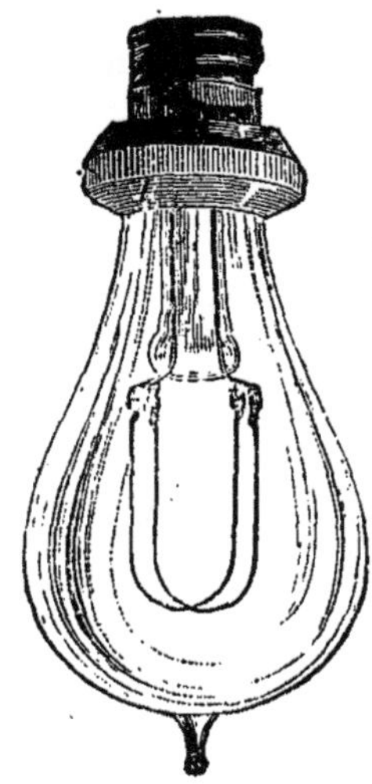

Fig. 47. — Une lampe électrique à incandescence

Le *microscope photo-électrique*, qui est une lanterne magique perfectionnée, permit aussi de faire en public des expériences qui exigeaient l'emploi du microscope. Que dans un cours d'histoire naturelle un professeur fasse l'anatomie d'un insecte de très petite dimension, il ne pourra donner une idée complète de la structure s'il ne fait pas voir cet insecte Or le microscope ne peut servir qu'à une seule personne à la fois, et il est impossible que les auditeurs y regardent l'un après l'autre. Le miscroscope photo-électrique projette sur un écran un petit objet en le grandissant considérablement. Une puce, par exemple, peut être présentée en même temps à cinq cents personnes qui la verront apparaître sur un écran sous la forme d'un monstre d'un demi-mètre de hauteur.

Ainsi la lumière électrique a rendu de grands services à l'enseignement des sciences : les expériences fondamentales de l'optique et celles qui nécessitent le concours du microscope, n'ont été vulgarisées que depuis son emploi. Et couramment aujourd'hui on voit exécuter des projections lumineuses, comme on dit, qui instruisent en récréant.

L'électricité pouvait trouver des applications plus utiles encore dans l'éclairage des places ou des villes. On y songea la première fois à propos de travaux à exécuter au pont Notre-Dame à Paris et de ceux qui avaient pour but de construire une partie du Louvre. Ces travaux devant se poursuivre de nuit, il s'agissait de fournir à chaque ouvrier la lumière nécessaire à son travail Des essais multipliés montrèrent quelles difficultés on aurait à vaincre pour employer la lumière électrique La principale était qu'on ne pouvait beaucoup multiplier les lampes, ce qui produisait des rayons lumineux très intenses sur certains points près desquels règne l'obscurité, l'intensité de la lumière décroissant bien vite quand on s'éloignait de la lampe. La lumière électrique coûtait d'ailleurs trois fois plus cher que la lumière du gaz, et cette dernière considération fit abandonner ce projet d'éclairage. Aujourd'hui que l'on peut disposer d'appareils autrements perfectionnés, la dépense est à peu près la même pour les deux modes de production de lumière.

Fig. 48. — Une machine dynamo-électrique d'éclairage.

Des progrès immenses ont été réalisés dans ces derniers temps et ont permis de vulgariser si bien l'emploi de l'éclairage électrique, que nous le voyons utilisé autour de nous comme lumière de luxe, pour éclairer les grands magasins ou les quartiers élégants des grandes villes; on le rencontre non seulement dans les appartements des personnes riches, mais encore bien souvent dans des bourgs, au fond de la campagne, les machines donnant le courant étant mues par des chutes d'eau.

Ce qui a contribué puissamment à la vulgarisation de la lumière électrique, c'est l'invention de la lampe à incandescence, imaginée principalement par l'illustre Edison; vous connaissez sans doute cette espèce de petite poire en verre dans laquelle est un fil qui devient éblouissant quand passe le courant électrique (fig. 47). La source de l'électricité n'est plus la pile, nous l'avons dit, mais bien les machines magnéto-électriques et dynamos, si savamment perfectionnées par M. Gramme et par quelques autres savants.

La lumière électrique a déjà été produite de cette façon pendant le siège de Paris, au moyen de machines magnéto-électriques de l'Alliance, analogues à celles qu'on utilise maintenant (fig. 48). L'électricité est produite par la rotation d'aimants en face de bobines de fil électrique. Cette rotation s'obtient par

Fig. 49. — Un bec de gaz perfectionné.

une machine à vapeur ou par un moteur à eau. Pendant la guerre de 1870-71, les Parisiens lançaient ainsi des faisceaux de lumière pour surveiller les environs pendant la nuit.

La lumière de l'arc voltaïque ou électrique à de grandes analogies avec celle que nous envoie le soleil, une grande ressemblance d'aspect et de nombreuses propriétés semblables. Les rayons de l'arc voltaïque, comme les rayons solaires, effectuent certaines combinaisons chimiques, unissent, par exemple, le chlore à l'hydrogène, noircissent le chlorure d'argent et agissent enfin sur la couche sensible des plaques daguerriennes. Chaque fois qu'on voudra reproduire les fresques intérieures d'un monument obscur, ou un objet quelconque que n'éclairera pas la lumière solaire, l'arc voltaïque pourra servir à la photographie.

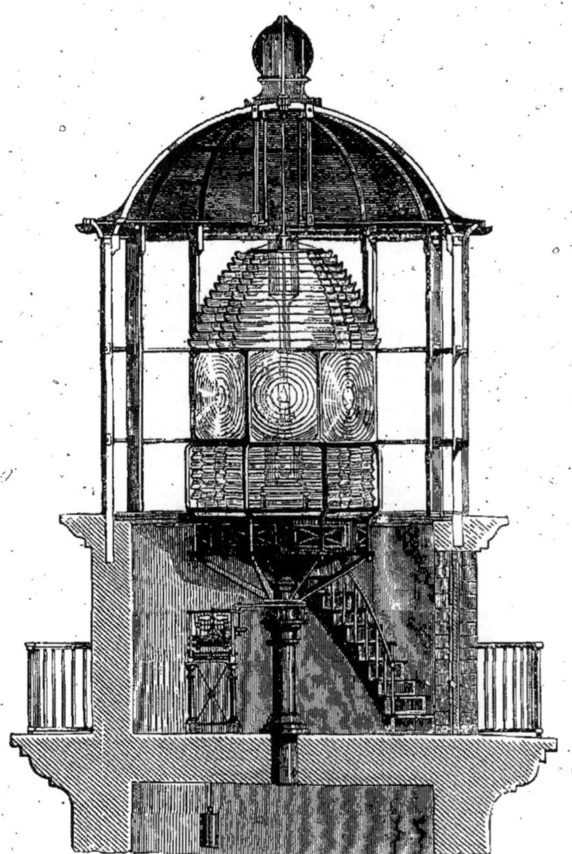

Fig 50. — Aspect des lentilles d'un phare.

Une autre question très utile qu'a fait naître la lumière électrique est celle de l'éclairage des phares et des vaisseaux qui, dans les temps de brume, risquent de se heurter, au grand péril des équipages.

Il est inutile d'insister sur l'importance des phares (fig. 50) et sur la nécessité d'un centre lumineux assez intense pour être vu en mer, et percer de ses rayons étincelants l'épaisseur du brouillard.

Les machines dynamo-électriques sont maintenant employées sur tous les grands navires.

L'emploi de la lumière électrique pour les phares a d'abord présenté un grave inconvénient. Il était impossible d'obtenir avec l'arc voltaïque une lumière d'une constance absolue, ce qui est indispensable. Le phare n'indique pas seulement aux bâtiments l'approche de la côte, il leur fait reconnaître le lieu où ils se trouvent.

De là les phares tournants qui produisent des *éclipses* d'une durée connue; de là les phares diversement colorés. Pour que ces effets se produisent, il faut un éclairage d'une intensité constante, que l'on obtient avec les lampes à pétrole ou à huile, et que la lumière électrique ne donnait pas autrefois. Depuis on a paré à ces inconvénients. Aujourd'hui l'éclairage électrique des phares est assuré dans les meilleures conditions, et les feux qui sont destinés à envoyer leur lumière fort au loin ont une puissance équivalente à des millions de bougies. Du reste on y emploie aussi cet acétylène dont nous allons dire un mot

Cette question de l'éclairage des phares est d'ailleurs étudiée par un grand nombre d'ingénieurs et de savants, qui comprennent l'utilité de ces lampes de l'Océan et s'attachent à en augmenter la perfection. « Qui peut dire combien d'hommes et de vaisseaux sauvent les phares? La lumière vue dans ces nuits horribles de confusion, où les plus vaillants se troublent, non seulement montre la route, mais elle soutient le courage, empêche l'esprit de s'égarer. C'est un grand appui moral de se dire, dans le danger suprême : Persiste! encore un effort!... si le vent, la mer sont contre toi, tu n'es pas seul; l'humanité est là qui veille pour toi. »

Il nous resterait à dire quelques mots de plusieurs autres genres de lumières artificielles, capables de lutter d'éclat avec celle que produit l'arc voltaïque.

Lancez un jet de gaz hydrogène enflammé sur un simple morceau de craie taillé en pointe, vous ne tarderez pas à voir rougir ce bout de craie, il deviendra lumineux et projettera aux alentours une lueur éblouissante dont on ne peut supporter l'éclat. Cette expérience a été réalisée, la première fois, par Drummond, dont le nom est attaché à la lumière qu'il sut ainsi produire.

Prenez un fil de magnésium, métal blanc grisâtre découvert depuis 1830, introduisez-le dans une flamme quelconque, dans celle d'une bougie, par exemple; ce métal brûlera, se combinera avec l'oxygène de l'air, en se transformant en magnésie, et développera, par sa combinaison avec un des éléments de l'air, mille rayons étincelants d'une intensité que rien ne peut décrire. Pendant un certain temps on a beaucoup parlé de cette nouvelle lumière et les photographes l'ont employée fréquemment. La lumière au magnésium est aujourd'hui à la portée de tout le monde; chacun peut se procurer, pour une modeste somme, un mètre du précieux métal et répéter avec une simple bougie cette curieuse expérience. Mais l'éclairage et la lumière électriques valent encore mieux et s'obtiennent plus simplement.

Voilà certes, avec la lumière électrique et la lumière Drummond, de bien remarquables merveilles; ces rayons lumineux constituent des soleils artificiels, on n'a pas manqué de les utiliser à de nombreux usages et de leur trouver des usages dignes de l'éblouissante lumière qu'ils fournissent.

Ajoutons que des flots de lumière peuvent encore être répandus dans nos villes et nos habitations, non seulement grâce aux petites lampes électriques à incandescence où, comme nous le disions, un filament métallique rougit sous le passage du courant, mais encore par les becs de gaz à incandescence eux aussi, où un petit treillis fait de terres spéciales est porté au rouge par la chaleur; ou encore par cet acétylène dont je vous parlais plus haut. D'ailleurs ne soyons pas ingrats, et n'oublions pas les services précieux que nous rend le gaz d'éclairage, inventé par un Français de génie, Lebon, et tous ces becs de gaz que nous apercevons de tous côtés dans les rues, dans nos maisons, déversant des flots de lumière.

TREIZIÈME CAUSERIE

LA NITROGLYCÉRINE ET LA DYNAMITE

L'HISTOIRE des origines de la poudre de canon, qui peut être considérée comme la première des matières explosibles, est enveloppée de ténèbres; le moine allemand Berthold Schwartz, qui vivait au commencement du XIVe siècle, en a été longtemps regardé comme l'inventeur. Si l'on en croit la légende, le moine Schwartz aurait laissé tomber sur le sol de son laboratoire un mortier recouvert d'une pierre et rempli d'un mélange formé de charbon, de soufre et de salpêtre. Il se produisit une explosion terrible (fig. 51). Le moine fut d'abord épouvanté, mais bientôt, revenu de sa stupeur, il reconnut les propriétés balistiques de la poudre. Les noms de Roger Bacon et de l'alchimiste Albert Legrand ont été prononcés souvent au sujet de la poudre, mais nous n'insisterons pas sur ce sujet, ayant voulu seulement le mentionner, pour passer ensuite à quelques nouvelles substances modernes.

Depuis l'époque de l'invention de la poudre à canon jusqu'à notre siècle, l'histoire des substances explosibles n'enregistre pas de progrès saillants. Mais, dans la seconde moitié du XIXe siècle, se sont produites des découvertes d'une importance considérable. C'est surtout en 1846, lorsque M. Schœnbein produisit pour la première fois le coton-poudre, que l'art de préparer les matières fulminantes vit s'ouvrir de nouveaux horizons. M. Schœnbein s'était borné à signaler les effets balistiques du coton-poudre, sans indiquer son mode de préparation La nouvelle substance étonna singulièrement le monde scientifique Ce coton, qui ne diffère en aucune façon apparente de l'ouate ordinaire, qui brûle comme la poudre au contact d'une flamme, causa une véritable stupéfaction parmi les chimistes. Grâce à de persévérantes recherches, on ne tarda pas à découvrir le

Fig. 51. — Le moine Schwartz découvrant la poudre.

mode de préparation de la nouvelle substance; on l'obtint par l'action de l'acide nitrique sur les matières cellulosiques, telles que coton, papier, etc. M. Schœnbein se décida alors à publier son procédé de préparation, qui consistait à faire agir sur le coton cardé un mélange d'acide nitrique et d'acide sulfurique.

Peu de temps après, en 1847, M. A. Sobrero eut l'idée d'étudier l'action spéciale de l'acide nitrique sur d'autres substances organiques, sur la glycérine notammment, qui s'obtient, comme on le sait, dans la fabrication des savons avec les corps gras. La glycérine, ce *principe doux des huiles*, comme l'appelait Scheele, cette matière inoffensive, dont la saveur est douce et sucrée, se transforme, sous l'action de l'acide nitrique, en un liquide détonant, terrible, le plus énergique des produits explosifs connus. « La nitroglycérine, suivant l'opinion de M. Berthelot, disloque les montagnes; elle déchire et brise le fer, elle projette des masses gigantesques. »

Mais cette nitroglycérine, découverte par Sobrero, resta longtemps sans application, on ne considéra guère cette substance que comme un produit dangereux, et pendant dix-sept ans elle demeura à l'état de curiosité de laboratoire. C'est seulement en 1864 qu'un ingénieur suédois, M. Nobel, commença à l'utiliser dans l'industrie et à mettre à profit, dans le tirage des mines et des roches, son énorme force explosive.

On ne tarda pas à reconnaître, en Amérique et en Europe, que l'emploi de la nitroglycérine offrait, dans le sautage des roches, une économie considérable sur celui de la poudre de mine. Mais la difficulté de régler les conditions de sa détonation causa toute une série d'accidents effroyables. On cita des exemples nombreux d'explosion spontanée de nitroglycérine, bien faits pour terrifier ceux qui étaient disposés à se servir de la nouvelle matière. Les explosions survenues à Aspinwal, à San-Francisco, à Sydney, à Hirschberg en Silésie, alarmèrent à juste titre les gouvernements des divers pays civilisés; elles furent en effet si soudaines, si effroyables, que jamais semblables sinistres n'avaient été signalés dans les annales de l'industrie. Le lecteur va en juger par quelques faits que nous croyons intéressant de reproduire, d'après un mémoire lu à la Société des ingénieurs de Londres.

En 1866, le steamer *Européen* débarquait sa cargaison le long du warf de la compagnie d'Aspinwall. Tout à coup une explosion formidable se fait entendre. Le pont, les agrès et les flancs du navire volent en éclats et sont projetés au loin. Quinze personnes sont littéralement mises en pièces par la détonation. L'*Européen* avait à son bord plusieurs caisses de nitroglycérine, qui avaient fait explosion au moment où les porteurs les avaient trop brusquement maniées. Quelques jours après, le steamer *Pacifique* débarquait à San-Francisco deux barils de nitroglycérine. A peine ces barils furent-ils portés en ville, qu'ils éclatèrent spontanément. La détonation fit plusieurs victimes; elles se produisit avec une violence si extraordinaire, que tout un

Fig. 52. — Comment on peut faire partir à distance une cartouche de dynamite.

quartier fut littéralement ébranlé, comme il aurait pu l'être sous l'action d'un tremblement de terre.

En présence de semblables sinistres, tout le monde se révoltait contre l'emploi de la nitroglycérine, et l'opinion réclamait avec instance l'abandon d'une substance que l'on était en droit de considérer comme un danger public. Peu à peu l'usage de la nitroglycérine devint moins fréquent, jusqu'en 1867, époque à laquelle M. Nobel eut l'idée de mélanger cette substance explosible avec un corps inerte, pulvérulent, comme la silice. La nitroglycérine, divisée par son mélange avec le corps pulvérulent, ne perd en aucune façon ses propriétés énergiques, mais elle ne détone que sous l'action d'une forte amorce de fulminate de mercure, et le maniement en devient pratique et sans danger. Ce mélange de nitroglycérine et d'une poudre inerte fut désigné sous le nom de *dynamite*. C'était une découverte géniale.

Désormais les craintes justifiées dont l'usage de la nitroglycérine était l'objet cessèrent d'exister. L'emploi de cette force nouvelle, mise entre les mains des industriels par la chimie, se généralisa de jour en jour; les gouvernements, bien loin d'interdire l'usage de la dynamite, en encouragèrent en quelque sorte les applications. C'est ainsi que, en France, une commission chargée d'examiner un projet de loi sur le prix de vente de la nouvelle matière explosible, reconnut dans son rapport à l'Assemblée nationale l'innocuité de son emploi.

La nitroglycérine est un liquide huileux, doué d'une odeur faiblemement éthérée et aromatique, qui produit des maux de tête. Sa saveur, d'abord légèrement sucrée, est âcre et brûlante. Ce curieux composé ne détone pas sous l'action d'une flamme ou de la chaleur; il ne fait explosion que par l'effet d'un choc.

« Si l'on soumet, dit M. Abel, à l'influence d'une source de chaleur suffisamment intense une portion de la masse liquide, on obtient à l'air libre une inflammation et une combustion graduelles que n'accompagne aucune explosion. Il arrive même, lorsqu'on met la nitroglycérine à l'abri du contact de l'air, que l'on rencontre une véritable difficulté pour faire naître et développer avec certitude la force explosive à l'aide d'une source de chaleur ordinaire. Mais si l'on soumet la matière à un choc brusque, comme celui d'un marteau vigoureusement frappé sur une surface dure, on obtient une explosion accompagnée d'une détonation. »

En général, pour faire détoner la nitroglycérine, on produit une espèce de choc ou d'ébranlement au moyen de l'explosion d'une amorce fulminante; le fulminate de mercure réussit dans presque tous les cas à ébranler la masse et à la décomposer subitement.

M. Berthelot, à qui l'on doit un magnifique travail sur les matières explosibles, nous mentionne quelques chiffres du plus haut intérêt, qui donnent une idée de l'extraordinaire puissance de la nitroglycérine : « Un kilogramme de nitroglycérine, dit le savant chimiste, détonant dans une capacité égale à 1 litre, développera une pression quadruple de celle de la poudre ordinaire, une température de 93 400 degrés, et une quantité de chaleur formidable ; le résultat sera presque triple de celui de la poudre. Un litre de nitroglycérine pèse 1 kil. 60. En détonant dans une capacité complètement remplie, comme il arrive dans un trou de mine, ou bien quand on opère sous l'eau, cette substance développe une pression huit à dix fois aussi grande que celle produite par le même volume de poudre. »

On conçoit, d'après ces faits, quelles ressources la nitrogly-

Fig. 53. — Effet de l'explosion d'une torpille sous l'eau.

cérine met entre les mains de l'industrie, dans le travail des mines, dans la perforation des tunnels, etc. ; mais malheureusement ce capricieux agent détone parfois, comme nous l'avons vu par les accidents cités plus haut, sous l'influence d'un choc insignifiant. Une caisse de nitroglycérine est posée lourdement sur le sol : il n'en faut peut-être pas davantage pour déterminer l'explosion de la terrible substance. Aujourd'hui d'ailleurs la nitroglycérine ne s'emploie plus guère qu'à l'état de *dynamite*, et nous avons vu que celle-ci assure les mêmes avantages en réduisant heureusement les chances d'accidents.

La dynamite, dont le nom vient d'un mot grec signifiant force, puissance, est un mélange de nitroglycérine et de silice poreuse. Cette silice constitue un poudre blanche qui peut absorber par le mélange jusqu'à 75 p. 100 de nitroglycérine. « L'absorption de la nitroglycérine dans les grains de silice, dit M. Barbe, auteur d'un remarquable mémoire sur la dynamite, place le liquide dans les interstices d'une substance poreuse susceptible de mobilité et ne transmettant pas les chocs même les plus violents. Les petits canaux de cette silice forment de

Fig. 54. — Torpille sortant du tube de lancement et allant frapper un navire.

petits réservoirs d'huile explosive dans lesquels le liquide n'est maintenu que par l'action de capillarité. Des chocs violents appliqués à de grandes masses de dynamite produisent une compression des molécules, leur déplacement, peut-être même l'écrasement partiel de quelques vaisseaux infiniment petits, mais les particules de la masse de nitroglycérine elle-même ne reçoivent pas le choc nécessaire à leur explosion. Ces considérations ont été entièrement confirmées par la pratique. Le mélange de la nitroglycérine et de la silice s'effectue très simplement. La porosité de la silice assure une répartition uniforme. »

Il existe un grand nombre d'autres substances pulvérulentes propres à servir d'absorbant de la nitroglycérine. Le kaolin, le gypse, et surtout le sucre en poudre, donnent de bons résultats, d'après les travaux de MM. Ch. Girard, Millot et Vogt. D'après les travaux de M. Paul Champion, le plâtre peut absorber jusqu'à

Fig. 55. — Vue d'une fabrique de dynamite.

50 p. 100 de nitroglycérine, le carbonate de magnésie 75 p 100. M. Champion utilisait pendant le siège de Paris une dynamite formée de cendres de *boghead* (résidu de la fabrication du gaz riche d'éclairage) mélangées avec 55 p. 100 de leur poids de nitroglycérine.

La dynamite offre l'aspect d'une matière pulvérulente; elle est généralement formée, quand elle est bien préparée, de 64 à 70 p. 100 de nitroglycérine et de 36 à 30 p. 100 de matière pulvérulente. La dynamite à 60 p. 100, bien fabriquée, soumise au choc du marteau sur une enclume, ne détone pas comme la nitroglycérine. Si la température s'élève à 40 ou 50 degrés centésimaux, l'explosion a lieu. Elle se produit encore, mais partiellement, sans s'étendre aux parties avoisinantes, si on la frappe violemment quand elle est étendue en couche très mince. Nous ne décrirons pas les expériences qui ont été faites par de nombreux expérimentateurs sur l'action du choc sur la dynamite, nous nous bornerons à résumer ces travaux divers, en disant avec MM. Bolley, Kundt et Pestalozzi : « On peut faire tomber d'une grande hauteur des caisses remplies de dynamite sans

Fig. 56. — Exploitation d'une carrière par la dynamite.

qu'il y ait explosion. » Cette substance détonante bien emballée peut donc être presque impunément transportée; cependant, quand elle est à l'état libre et qu'elle est soumise à un choc violent produit entre deux corps durs, fer contre fer par exemple, elle ne manque pas de se décomposer.

Les derniers observateurs que nous venons de citer ont étudié l'action de la chaleur sur la dynamite. Voici ce qu'ils disent à ce sujet : « On place une cartouche de dynamite dans un étui de fer-blanc ouvert à une extrémité. Jetée dans le feu, cette dynamite brûle sans faire explosion. Après avoir mis de la dynamite dans le même tube, on le ferma avec un bouchon métallique à vis et on le plaça de nouveau dans un feu ardent. On eut bientôt une forte détonation, et les charbons furent dispersés de tous côtés. Des ces expériences on peut conclure que la dynamite, à nu ou sous une enveloppe présentant une faible résistance, ne peut faire explosion sous l'action du feu le plus intense, et qu'au contraire, dans les mêmes circonstances, elle peut produire une explosion considérable quand elle est enfermée dans une enveloppe de quelque résistance. »

L'emploi de la dynamite dans l'industrie a acquis aujourd'hui une importance considérable. Quand on veut se servir de cette substance explosible, on la fait détoner en enflammant une amorce

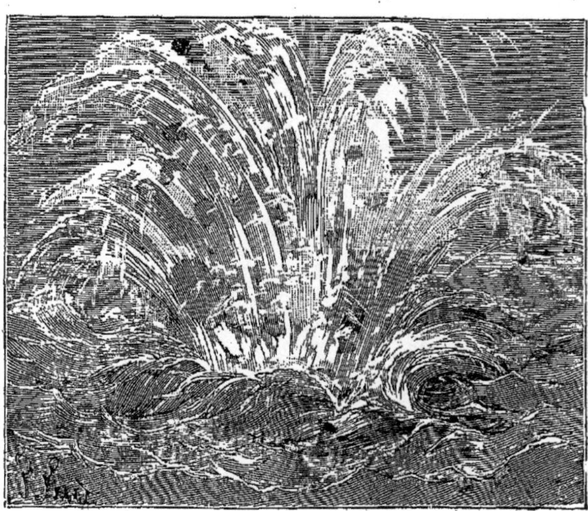

Fig. 57. — Explosion d'un rocher sous-marin au moyen de la nitroglycérine.

au fulminate de mercure mélangé de nitrate de potasse (salpêtre). La cartouche de dynamite peut être munie d'une mèche analogue à celle dont on se sert depuis longtemps dans les mines pour l'explosion de la poudre. Mais il est très avantageux, dans un grand nombre de cas, de faire partir la dynamite à distance à l'aide d'un courant électrique dirigé par un fil conducteur. Après avoir placé la dynamite dans le trou de la mine que l'on veut faire sauter, après y avoir superposé l'amorce destinée à la faire détoner, munie au préalable de fils de platine, on adapte à ceux-ci les fils conducteurs de l'électricité, que l'on déroule jusqu'au point d'où l'on veut déterminer l'explosion. Il ne s'agit plus que de faire passer le courant électrique dans les fils conducteurs; il arrive jusqu'aux fils de platine dont l'amorce est munie, il jaillit sous forme d'étincelle, enflamme une petite mèche de coton-poudre, fait détoner le fulminate de mercure et produit enfin l'explosion de la dynamite. — Un *exploseur magnéto-électrique*, très employé pour ce mode d'expérimentation, est dû à M. Bréguet; il consiste en une armature de fer doux en contact avec les pôles d'un aimant. Nous ne décrirons pas les dispositions de cet appareil, nous nous bornerons à dire qu'il suffit de donner un coup de poing sur un bouton auquel l'armature est adaptée par l'intermédiaire d'un levier, pour donner naissance à une étincelle électrique due aux courants électriques qui ont pris naissance (fig. 52). Cet appareil ne nécessite ni pile, ni accessoire d'aucune espèce; il est toujours prêt à fonctionner et offre les plus sérieux avantages. Le sautage de palissades, de murailles, a souvent été opéré en temps de guerre au moyen de cet instrument vraiment remarquable. Une ou plusieurs cartouches de la matière explosible ont été placées à la base des palissades à faire sauter, des fils conducteurs de l'électricité mettent en relation ces cartouches avec l'*exploseur* que l'on voit représenté sur le premier plan. Un coup de poing donné sur le bouton de l'appareil fait passer un courant électrique dans les fils conducteurs, l'étincelle jaillit à leur extrémité et détermine la détonation de la dynamite. Un mur peut être lézardé et fissuré à distance, par le seul intermédiaire d'un fil métallique presque invisible, conducteur du courant électrique. Les applications de la dynamite à la guerre ouvrent ainsi à l'art militaire de nouveaux horizons; cette substance d'une si grande puissance peut servir à abattre avec une étonnante promptitude des maisons, des fortifications d'art Quelques parcelles de dynamite, placées dans des orifices ouverts dans un tronc d'arbre, font immédiatement tomber l'arbre entier quand on détermine leur explosion. Cette matière fulminante a aussi été efficacement employée à ouvrir des tranchées dans un sol gelé, sur lequel la pioche était sans action. Elle peut encore déterminer le brisement rapide des canons ennemis : il n'est pas, en un mot, de destructeur plus énergique, et de matière plus détonante, plus puissante. Nous ne croyons pas nécessaire d'ajouter que ces qualités en font un agent précieux dans la confection des torpilles que la marine emploie aujourd'hui de façon courante avec l'aide des bateaux-torpilleurs qui lancent dans les flancs d'un vaisseau ennemi la terrible cartouche (fig. 54). Aujourd'hui tous les grands navires de guerre eux-mêmes possèdent des sortes de canons, des tubes, lance-torpilles, qui leur permettent d'envoyer à distance des torpilles automobiles, qui se déplacent dans l'eau, en emportant dans leurs flancs une redoutable charge de dynamite.

Si utile que soit l'armement militaire et maritime pour se

Fig. 58. — Destruction d'écueils sous-marins par la nitroglycérine. Scaphandriers creusant les trous de mine au fond de l'eau.

défendre contre l'ennemi de la patrie, les applications de la dynamite sont encore plus intéressantes dans les travaux de la paix.

Les applications de la dynamite à l'industrie sont considérables; le mélange de nitroglycérine et de silice fabriqué dans de nombreuses usines, où l'on prend toute sortes de précautions (fig. 55), est employé journellement au percement des galeries et des tunnels; le percement du mont Saint-Gothard a été opéré par la dynamite entassée dans les trous de mine dont on perforait ses flancs. La dynamite sert à l'abatage des roches, des minerais, dans les mines et les carrières (fig. 56), au fonçage des puits, aux travaux de tranchées des chemins de fer, aux travaux sous-marins (fig. 57 et 58). On l'emploie souvent pour le brisement des glaces à la surface des fleuves lors des hivers rigoureux, comme celui de 1879-1880, ou dans les mers polaires pour débloquer les vaisseaux (fig. 59). On s'en sert encore pour l'exploitation des terrains gelés. Elle rend enfin de grands services pour la division des blocs métalliques que l'industrie ne saurait diviser en fragments sans son concours.

M. Barbe, qui a étudié de près ces différentes applications de la dynamite, nous donne le récit de curieuses expériences qu'il a exécutées lui-même. Dans les carrières de calcaire de Volcksen, en Hanovre, trois coups de mine chargés de 5 kilogrammes de dynamite ont détaché 600 000 kilogrammes de roche! Dans le creusement d'un puits, le même expérimentateur a vu la dynamite produire des effets extraordinaires. La roche, à partir du trou central, se fissurait suivant des lignes rayonnantes et se disloquait complètement, de telle sorte qu'il était facile de l'extraire au coin. Rapportons encore une expérience très intéressante faite dans une argile très grasse, très ferme, où la poudre à canon ne produisait aucun effet. Là terrible matière explosible donna des résultats étonnants : « *Une montagne entière*, dit M. Barbe, fut soulevée et déchirée dans tous les sens. »

« Les ponts métalliques tombés, dit M. P. Champion, sont d'un relèvement difficile, à cause de leur poids et de la longueur des pièces qui les composent; on a souvent avantage à les briser en fragments, dont l'extraction s'exécute ensuite à l'aide des moyens ordinaires. Dans ce cas, ainsi que nous l'avons pratiqué au pont en tôle de Billancourt, il suffit en général d'appliquer des récipients pleins de dynamite contre les parois métalliques les plus résistantes. C'est ainsi qu'avec une charge de 5 kilogrammes de dynamite, nous avons pu briser et disjoindre les rivets réunissant des plaques de tôle d'une épaisseur de 12 millimètres chacune. »

Un dernier usage de la dynamite nous reste à signaler : on l'a employée pour la pêche. Dans les travaux sous-marins, on a remarqué depuis longtemps que, lorsqu'une forte charge de dynamite a fait explosion, l'ébranlement formidable se communique à la masse d'eau qui s'étend au-dessus du lieu de la commotion, et cause la mort ou l'étourdissement des poissons, que l'on voit immédiatement remonter à la surface de l'eau et y flotter complètement inertes.

« Entre des mains exercées, la dynamite peut donner lieu à des résultats importants. On insère dans une cartouche du poids de 50 à 60 grammes une amorce surmontée d'une mèche

Fig. 59 — Sautage des glaces dans les régions polaires opéré par la dynamite pour dégager un navire.

Bickford, de 30 à 40 centimètres de longueur, que l'on fixe par une ligature solide. On attache la cartouche à un fragment de bois qui doit servir de flotteur et qui est muni d'une corde longue de 1 mètre, à l'extrémité de laquelle on place une pierre assez lourde pour entraîner ce flotteur. Dans ces conditions, la cartouche surnage à 1 mètre au-dessus du fond de la rivière. On descend avec précaution sous l'eau la cartouche ainsi préparée et on l'abandonne après avoir mis le feu à la mèche. Au moment de l'explosion, si la distance de la cartouche à la surface de l'eau est d'environ 2 m. 50, on n'entend qu'un bruit analogue à celui d'un coup de fouet. Quelques secondes après, l'eau est soulevée en forme de boule de 1 m. 50 de diamètre.

Les poissons les plus rapprochés de l'explosion ne tardent pas à monter à la surface : ils ont été tués sur le coup. Les autres n'apparaissent que quelques instants et ne sont qu'étourdis. L'approche de la main qui veut les saisir suffit quelquefois pour les ranimer et les faire disparaître. Aussi doit-on se hâter de les recueillir avec un filet. » Cette méthode est de celles qui sont complètement prohibées en France par les lois de la pêche. Elle est actuellement employée en Norvège pour pêcher les poissons de mer qui arrivent en bancs innombrables à certaines époques de l'année, et elle produit des résultats merveilleux. L'explosion d'une cartouche puissante amène à la surface de la mer des monceaux de poissons, tellement considérables que les pêcheurs ont à peine le temps de les recueillir.

On voit par ces résultats que la dynamite peut être considérée comme une arme d'une puissance formidable, mise entre nos mains par la chimie moderne ; cette matière détonante n'offre plus les dangers de la nitroglycérine pure : elle se présente aujourd'hui comme le plus admirable outil dont l'homme dispose pour attaquer la matière inerte, dans les grands travaux de son industrie.

Nous ne pouvons négliger de répéter que c'est aux cartouches de dynamite logées dans des trous de mines forés par des perforatrices puissantes, qu'on doit la création rapide et le creusement relativement aisé des énormes tunnels qui donnent maintenant passage aux voies ferrées sous les montagnes, et dont je veux vous parler un peu plus longuement.

QUATORZIÈME CAUSERIE

LE CREUSEMENT DES GRANDS TUNNELS

Pour peu que vous ayez voyagé en chemin de fer, en dehors des régions tout à fait plates comme on en trouve dans le centre de la France, vous devez avoir traversé un tunnel, un de ces souterrains où s'enfonce la voie ferrée pour ne pas avoir à escalader des hauteurs; mais c'est en vrai pays de montagne que l'on rencontre surtout de ces souterrains, et qu'ils présensent les longueurs les plus considérables. Il en existe quelques-uns en France qui sont de belles dimensions, et je vais vous en citer un, celui du mont Cenis, qui fait partie des grands tunnels du monde; mais c'est surtout dans les Alpes suisses qu'on trouve les plus gigantesques ouvrages de ce genre.

Tant qu'ils n'ont que 3, 4 kilomètres de long, on estime maintenant qu'ils sont tout petits, et cependant ce n'est pas chose facile que de creuser ainsi sous terre, ou plutôt en pleine roche, le plus ordinairement, une galerie de cette longueur; et il faut déjà recourir aux explosifs modernes, c'est-à-dire à cette dynamite dont nous parlions tout à l'heure. Mais c'est bien autre chose pour les très grands tunnels modernes. Le tunnel du mont Cenis, dont je vous ai prononcé le nom, et que vous trouverez dans le sud-est de la France, en pleine région des Alpes, a déjà un peu plus de 12 kilomètres de long, ce qui est coquet; et comme on n'avait jamais tenté rien de pareil avant lui, on n'a pas mis moins de vingt ans pour le creuser complètement. Il est à plus de 1 600 mètres en dessous de la montagne sous laquelle il passe, et, à cette profondeur, la température est fort élevée et le travail a été pénible pour les ouvriers.

En 1872, une année seulement après l'ouverture du tunnel du

mont Cenis, on a voulu faire mieux en Suisse, et l'on s'est mis à creuser le tunnel du Saint-Gothard, dont vous trouverez le tracé sur la carte qui est insérée ici (fig. 60). C'était un travail énorme, puisqu'il s'agissait de percer la montagne sur une longueur de 15 kilomètres à peu près et sous une épaisseur de roche de plus de 1 700 mètres! Les ouvriers étaient exposés à une température torride dans les galeries où ils creusaient la roche, faisaient détoner les cartouches de dynamite, maçonnaient la voûte du tunnel, et il fallait constamment leur envoyer de l'air frais de l'extérieur, par la galerie déjà faite. Mais on avait acquis plus d'expérience dans ce genre de travail pourtant si difficile, et le tunnel du Saint-Gothard n'a demandé que onze ans pour être terminé et donner passage aux trains. C'est évidemment beaucoup, mais c'est peu si l'on songe aux efforts et aux difficultés d'une pareille tâche : percer une montagne sur 15 kilomètres de longueur, et permettre aux voyageurs et aux trains de passer sous la montagne, au lieu d'obliger comme jadis des voitures ou des chariots à s'élever péniblement jusqu'au col qui permettait, quand le froid n'était pas trop intense, le temps trop mauvais, les neiges trop abondantes, de passer de Suisse en Italie ou inversement!

Un peu plus tard on a construit le tunnel de l'Arlberg, qui est du reste sensiblement moins long, puisqu'il n'a que 10 kilomètres environ, ce qu'on trouve peu maintenant. Mais on s'est hasardé ensuite et tout récemment à une besogne bien plus difficile même que le creusement du tunnel du Saint-Gothard, c'est l'établissement du tunnel du Simplon, qui donne passage à une voie ferrée réunissant l'Italie à la Suisse suivant une autre direction : et sur la carte que je mets sous vos yeux vous trouverez aussi le tracé de ce tunnel sous une immense montagne.

Cette fois la longueur du souterrain est bien près d'atteindre 20 kilomètres, et vous pouvez savoir que 20 kilomètres c'est une distance qu'il vous faudrait une journée pour franchir à pied. Vous devez vous imaginer les efforts qu'il a fallu, le nombre énorme de cartouches de cette précieuse et toute puissante dynamite qu'on a dû faire détoner dans le flanc de la montagne, pour y creuser cette galerie de 20 kilomètres de long : galerie qui est du reste double, parce que, dans un temps plus ou moins éloigné, on posera deux voies ferrées sous la montagne, afin de permettre aux trains d'y circuler dans les deux sens.

Je ne peux pas songer à vous dire par le menu toutes les difficultés qu'on a rencontrées dans le percement de ce double souterrain, et le travail acharné auquel ingénieurs comme ouvriers ont dû se livrer pour triompher de ces difficultés, et mener à bien l'immense besogne dans le plus court délai pos-

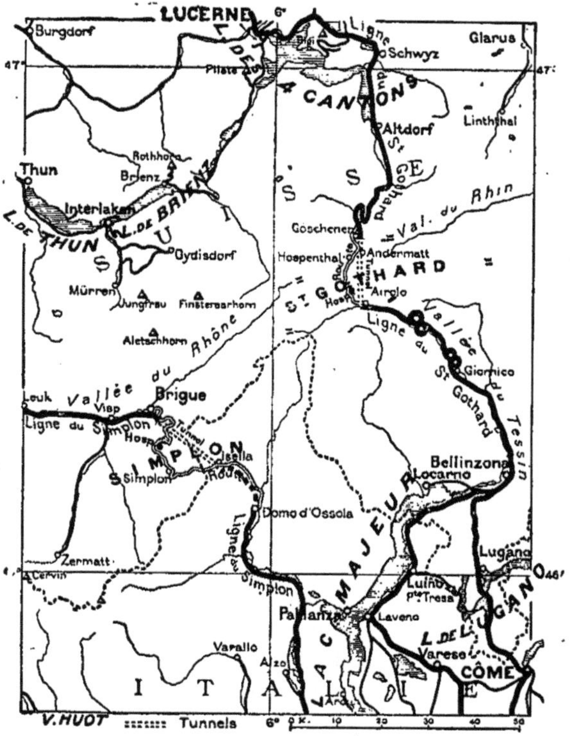

Fig. 60. — La position des deux plus grands tunnels des Alpes.

sible. C'est qu'on était pressé de voir le tunnel livré au passage des trains, pour donner aussitôt que possible facile.passage entre les deux parties de la Suisse et de l'Italie que le souterrain devait réunir, et laisser passer les convois qui amènent les étrangers de France, de Belgique, d'Angleterre.

Pour vous donner idée de ce qu'est un pareil travail, l'établissement d'une voie ferrée dans un tunnel de 20 000 mètres de long, je vous dirai que le travail n'a pas coûté moins de 78 millions de francs. Mais c'est de l'argent bien employé, et le nouveau tunnel est destiné à voir circuler une foule de voyageurs, des convois énormes de marchandises, qui profiteront du raccourci que constitue cette voie souterraine, ne se donnant pas la peine d'escalader la montagne, en passant dessous. Vous devez bien penser que, si la chaleur était pénible dans le tunnel du Saint-Gothard, elle l'a été encore bien davantage pendant le creusement du tunnel du Simplon, parce que la galerie était

Fig. 61. — L'entrée du tunnel du Simplon en Italie.

plus longue et qu'au milieu du tunnel on se trouvait à une distance considérable des deux entrées, que par conséquent l'air du dehors ne pouvait pas arriver jusqu'aux travailleurs. Aussi avait-on pris les précautions les plus complètes et installé des appareils mécaniques très perfectionnés pour amener continuellement de l'air froid dans les galeries, où travaillaient les ouvriers : des ventilateurs envoyaient des torrents d'air pris en dehors du tunnel, et encore avait-on recours à des dispositions pour que cet air arrivât aussi frais que possible : on distribuait de l'eau glacée venant des torrents de la montagne, qui tombait en pluie de tous côtés, on apportait de la glace dans les galeries, et l'on faisait passer de l'air sur cette glace, pour qu'il vînt rafraîchir les ouvriers à la besogne. Cette besogne était du reste si active dans les divers chantiers (car on avait attaqué le souterrain par les deux bouts), que chaque jour on consommait, on faisait exploser dans les galeries de creusement du tunnel

Fig. 62. — Les ouvriers travaillant dans le tunnel du Simplon.

900 kilogrammes de dynamite ! Et vous pensez bien que ce n'est pas à pied que les ouvriers gagnaient quotidiennement le chantier où ils travaillaient, à plusieurs kilomètres sous terre quand les galeries ont commencé à être très avancées : un train spécial les amenait, puis les remmenait à l'air libre quand ils avaient acquis le droit d'aller se reposer.

Et on avait encore à compter avec une autre difficulté et un autre danger. Sous la montagne, dans l'épaisseur du massif de roche, il y a de l'eau qui circule souvent en grande abondance, eau froide ou eau chaude chauffée par ce feu souterrain dont nous avons vu les méfaits quand nous avons parlé des volcans. Et, à bien des reprises, les ouvriers au travail ont vu le chantier envahi par des torrents de ces eaux souterraines, qu'on a eu toutes les peines du monde à épuiser ou à détourner, et qui ont souvent arrêté le travail durant des jours et des jours. Mais aujourd'hui tout est fini, et l'immense souterrain voit passer des convois d'un bout à l'autre de sa galerie solidement maçonnée pour supporter le poids de la montagne qui la domine.

Et le génie de l'homme, les machines qu'il a inventées, les explosifs qu'il a combinés, ont ouvert une nouvelle voie de communication qui, mieux encore que beaucoup d'autres, pourtant déjà bien remarquables, facilite les relations de pays à pays, en dépit des difficultés que nous oppose la nature.

QUINZIÈME CAUSERIE

LES MÉTAUX

On connaît environ cinquante métaux, qui sont doués des propriétés les plus diverses. Les uns sont mous comme de la cire et se coupent facilement au couteau : tels sont le *potassium* et le *sodium*; les autres offrent les caractères d'une dureté plus ou moins grande : le *fer* est très dur, le *plomb* peut être rayé à l'ongle, et le *mercure* est liquide, etc. La couleur des métaux est variable, cependant elle est généralement d'un blanc grisâtre; exceptons entre autres le *cuivre* et *l'or*. Il en est qui fondent à 58 degrés, presque aussi facilement que la cire ou l'acide stéarique de nos bougies; il en est d'autres, comme le fer, qui exigent pour entrer en fusion les hautes températures des feux de forge. Le *platine*, enfin, se liquéfie seulement à 2 000 degrés environ, sous l'influence d'un jet d'hydrogène brûlant sous l'action d'un fort courant de gaz oxygène, ou du courant électrique.

Ainsi les métaux présentent des caractères bien distincts; mais ils se rapprochent aussi entre eux par des propriétés communes. Ils sont généralement tous opaques et doués d'un éclat particulier, qu'on appelle l'*éclat métallique*; ils sont tous bons conducteurs de la chaleur et de l'électricité. — Voyez cette bougie allumée : nous plaçons au milieu de la flamme une toile métallique, un réseau formé par des fils de fer serrés les uns contre les autres; la flamme paraît être arrêtée par les petites mailles de métal, et cependant nul doute que les vapeurs combustibles ne continuent à s'élever à travers le réseau des fils, car on peut les enflammer au-dessus de la toile même. La flamme s'éteint si on abaisse la toile jusqu'à la partie inférieure de la mèche; elle ne s'éteint que parce qu'elle se refroidit sous l'action du métal. C'est grâce à cette propriété de conduire la chaleur que l'on a trouvé une si admirable application de la toile métallique dans la célèbre lampe de sûreté imaginée par sir H. Davy pour les mineurs. — Il est encore un fait bien connu qui prouve la conductibilité dont sont doués les métaux : tout le monde sait qu'on se brûle en tenant à la main une cuiller d'argent dont une extrémité plonge dans l'eau bouillante, tandis

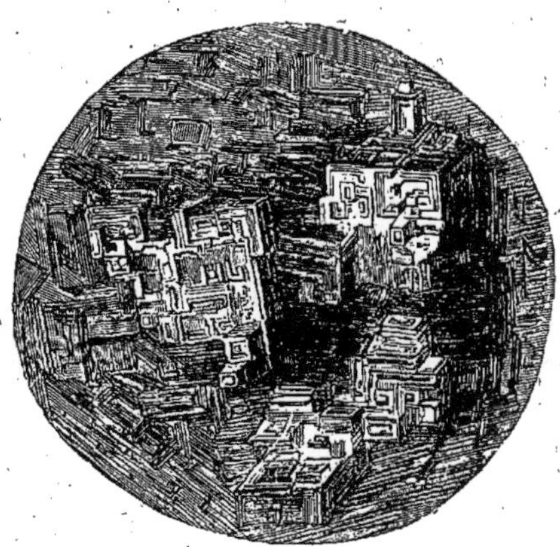

Fig. 63. — Bismuth cristallisé.

qu'on n'éprouve aucune sensation de chaleur en tenant par un bout un charbon allumé par l'autre bout.

Nous avons dit que l'opacité des métaux était, avec l'éclat, une de leurs propriétés caractéristiques. Cependant ces propriétés ne sont pas absolues; quelques métaux cessent d'être opaques quand ils sont amenés à un état de grande ténuité. L'or peut être réduit en feuilles assez minces pour laisser passer un rayon de lumière, qui dans ce cas paraîtra de couleur verte. Un métal très divisé perd généralement tout son éclat. Le platine divisé devient noir; si on l'écrase dans un mortier, on lui rend la cohésion qu'il n'avait plus : il devient brillant en s'agglomérant.

Les métaux peuvent affecter des formes cristallines régulières, qui sont le cube, l'octaèdre et le dodécaèdre rhumboïdal; l'argent, l'or et le cuivre se trouvent sous ces différents états dans la nature. On peut obtenir artificiellement de superbes cristallisations de *bismuth* (fig. 63). Il suffit de faire fondre ce métal sous l'action de la chaleur, et de le soumettre à un refroidissement lent en l'abandonnant au contact de l'air. Quand la surface du métal en fusion commence à se figer, on verse la portion encore fluide, et on trouve, au fond du vase en terre dans lequel on a opéré, des cristaux irisés, dérivés du cube, et d'un remarquable aspect. L'antimoine, le plomb, l'étain, ont une structure cristalline; mais il est impossible de les obtenir en cristaux analogues à ceux du bismuth.

Quand on soumet les métaux au choc du marteau, les uns s'aplatissent et s'écrasent en lames, les autres se brisent et se

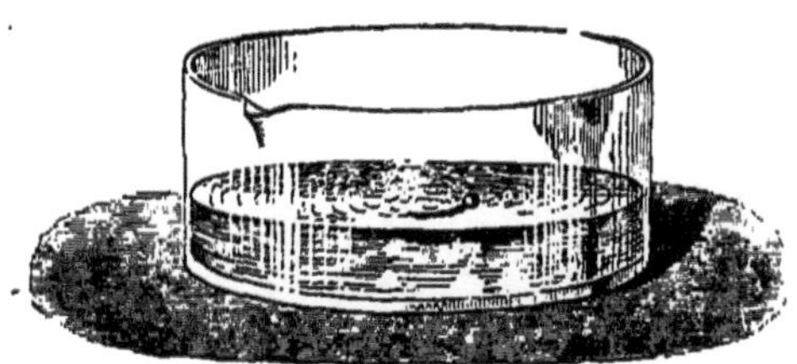

Fig. 64. — Décomposition de l'eau par un fragment de sodium flottant à sa surface.

réduisent en fragments : les premiers sont les métaux *malléables*; les seconds, les métaux *cassants*. Pour réduire les métaux en lames, on peut les battre au marteau ou les faire passer au laminoir. Pour les étirer en fils, on les fait passer à travers une filière composée d'une plaque d'acier percée de trous circulaires de diamètres de plus en plus petits.

Quelques métaux peuvent être laminés à froid; d'autres ont besoin d'être portés à une température plus élevée. L'or, l'argent, le cuivre, sont les plus malléables des métaux; ce sont aussi les plus ductiles. On peut obtenir des feuilles d'or tellement minces qu'il en faut dix mille pour faire l'épaisseur d'un millimètre, et dont on dore les cadres, les meubles, etc.; et le platine peut s'étirer en fils aussi ténus que ceux d'une toile d'araignée.

La plupart des métaux peuvent se combiner avec l'oxygène de l'air. Le fer s'altère facilement au contact de l'air et se transforme en *rouille*, qui est un oxyde de fer. Quand on veut unir un métal avec l'oxygène, il est souvent nécessaire de faire intervenir l'action de la chaleur; quelquefois il faut employer une méthode indirecte. Certains métaux, comme le sodium ou le potassium, décomposent l'eau à froid. Un petit morceau de sodium lancé à la surface d'un vase plein d'eau s'y promène en se combinant à l'oxygène du liquide et en isolant le gaz hydrogène (fig. 64).

Faisons fondre dans un creuset ouvert quelques fragments de zinc et chauffons jusqu'au rouge vif : le zinc s'unira à l'oxygène et se transformera en un oxyde blanc très léger, qui se répandra dans l'atmosphère sous forme de flocons de neige; il se produira en même temps un dégagement de lumière assez intense, et la surface métallique paraîtra être en ignition. Cette expérience était connue des alchimistes, et les fragments divisés d'oxyde de zinc s'appelaient de leur temps *lana philosophica* ou *nihilum album*.

Un petit fil de magnésium brûle en projetant autour de lui mille rayons étincelants analogues à la lumière électrique, et il suffit pour l'enflammer de le plonger un instant dans la flamme d'une bougie; dans ces conditions, il s'unit avec l'oxygène de l'air pour se transformer en magnésie blanche. Après la combustion, il ne reste plus que quelques fragments d'une poussière blanche dont la pharmacie fait un fréquent usage. Ce magnésuim est employé par les photographes.

Chauffez du mercure au contact de l'air, il se recouvrira bientôt d'une pellicule rougeâtre qui est de l'oxyde de mercure. Cet oxyde, qui doit sa formation à la chaleur, peut être décomposé par l'action d'une chaleur plus intense, et se dédoubler en mercure métallique et en oxygène. Dans ce cas, la chaleur détruit ce qu'elle a produit.

Les métaux ont aussi une très grande affinité pour le chlore et le soufre. Un mélange de cuivre et de soufre en fleur soumis à l'action de la chaleur ne tarde pas à donner un grand dégagement de chaleur et de lumière, et à se convertir en une matière noire pulvérulente qui est du sulfure de cuivre.

Ce flacon, d'où vous voyez sortir une abondante vapeur qui jaillit dans l'air avec violence, renferme un mélange intime de fleur de souffre et de limaille de fer humecté d'eau. Pendant une demi-heure environ, la masse est restée inactive; mais le fer et le soufre n'ont pas tardé à s'unir entre eux en produisant bientôt une considérable élévation de température : l'eau est entrée en ébullition pour s'échapper par le passage qui lui était ouvert. Cette expérience célèbre, connue sous le nom de *volcan de Lémeri*, peut être reproduite en enfouissant dans la terre le flacon renfermant le mélange de soufre et de fer, et en recouvrant le tout de sable et de gravier; au bout de quelque temps on entend un léger bouillonnement, et la petite montagne qui recouvrait le mélange est violemment lancée dans l'air, au milieu d'une vapeur épaisse, imitation, sous une forme bien modeste, des éruptions volcaniques. Lémeri avait vu dans ce fait puéril une explication des phénomènes volcaniques; il va sans dire que nous ne devons y trouver qu'un exemple curieux de l'affinité chimique des métaux.

Les *chlorures*, résultant de l'union du chlore avec les métaux, offrent aussi un grand intérêt. Le chlore, comme l'oxygène, s'unit facilement avec le fer, le zinc, l'étain, le bismuth, etc., et il transforme ces métaux en composés plus ou moins volatils et souvent liquides. Faites passer un courant de chlore sec sur de l'étain fondu dans une cornue de terre, vous obtiendrez un composé incolore, liquide, fluide, très volatil, qui est le bichlorure d'étain ou *liqueur fumante de Libavius*. Les alchimistes, qui aimaient à animer leurs descriptions par des images, appelaient leurs combinaisons chimiques les *mariages* des corps entre eux; ils connaissaient l'action du chlore sur les métaux, et ce gaz avait, suivant leur expression, la propriété de *donner des ailes* aux corps qu'il transformait en composés facilement vaporisables.

Nous avons vu que le nombre des métaux s'élève à cinquante environ; mais nous devons ajouter qu'il en est seulement un petit nombre qui sont assez utiles pour être intéressants, et qu'on en découvre parfois de nouveaux, comme le fameux radium.

On peut diviser les métaux en deux classes : la première comprend ceux qui sont inutiles aux arts à cause de leur grande affinité pour l'oxygène : c'est la classe des *métaux alcalins et terreux*; la deuxième comprend les métaux qui, n'ayant pour l'oxygène de l'air qu'une faible affinité, peuvent servir à l'industrie : c'est la classe des *métaux proprement dits*. Voici une liste des métaux qui offrent le plus d'importance, sans parler d'une série de métaux nouveaux aux noms bizarres, auxquels on commence à trouver des usages.

Métaux alcalins et terreux.

Potassium,
Sodium,
Baryum,
Strontium,
Calcium,
Magnésium.

Métaux proprement dits.

Fer,	Plomb,
Chrome,	Mercure,
Cobalt,	Bismuth,
Manganèse,	Étain,
Nickel,	Antimoine,
Aluminium,	Argent,
Zinc,	Or,
Cuivre,	Platine.

Alliages. — Tous les métaux peuvent s'unir ensemble et former des *alliages.*

Quelques alliages s'obtiennent très facilement. Le mercure s'unit directement, à la température ordinaire, avec presque tous les métaux, et le résultat de sa combinaison avec ceux-ci s'appelle un *amalgame.* Un morceau de sodium aplati dans du mercure s'enflamme et s'unit au métal liquide pour donner un produit solide et grisâtre. L'or, l'argent, se dissolvent dans le mercure presque aussi facilement que le sucre dans l'eau; mais, en général, pour allier les métaux ensemble, il est nécessaire de les faire fondre dans un même creuset.

La nature des alliages a souvent été discutée par les chimistes, qui se sont longtemps demandé s'ils devaient être considérés comme des mélanges ou des combinaisons chimiques. Les alliages sont des combinaisons, car leurs propriétés physiques et chimiques (densité, fusibilité, affinité chimique) diffèrent de celles des métaux qui les constituent. Cependant, leur composition n'étant pas toujours fixe, on doit les considérer comme des combinaisons tantôt isolées, tantôt réunies au métal qui leur a servi de dissolvant.

Le bismuth fond à 264 degrés, l'étain à 228, le plomb à 335. Si on fait fondre ces métaux dans la proportion de cinq parties du premier, deux du second et trois du troisième, on a un produit métallique qui fond à 92 degrés. Cet alliage remarquable est connu sous le nom d'*alliage de d'Arcet*; il est fusible dans l'eau bouillante, et cependant il a été formé par trois métaux fondant tous bien au-dessus de 200 degrés.

Cet alliage, suspendu par un fil de fer au milieu d'un jet de vapeur d'eau bouillante, fond immédiatement comme un morceau de cire. N'est-il pas singulier de voir un métal, d'un aspect analogue à celui de l'étain ou du zinc, se dissoudre dans la vapeur et se résoudre en goutelettes liquides avec une grande rapidité?

Les alliages offrent une très grande utilité, car ils forment, pour ainsi dire, de nouveaux métaux qui peuvent présenter une utilité spéciale. Parmi tous les métaux connus, il en est seulement peu qui puissent être employés directement; citons l'aluminium, le fer, le cuivre, le plomb, l'étain, l'argent, l'or, le mercure, le platine, le nickel, le palladium. Leur emploi est limité, puisqu'il dépend de leurs qualités spéciales : en les unissant entre eux, on peut modifier leurs propriétés, multiplier leur usage, et les rendre propres à de nombreuses applications. Les alliages sont beaucoup plus employés que les métaux purs, et leur nombre augmente à mesure que l'industrie prend de nouveaux développements. Tous les métaux que nous employons journellement sont alliés à d'autres métaux qui leur donnent de nouvelles qualités. Nos monnaies d'argent sont formées d'argent associé à du cuivre; les objets d'ornementation sont généralement faits en laiton, c'est-à-dire en cuivre renfermant du zinc; le bronze est formé de cuivre et d'étain. De plus en plus on tend à allier l'acier à certaines autres matières, nickel, tungstène, molybdène, etc., pour obtenir des métaux offrant des qualités toutes particulières.

SEIZIÈME CAUSERIE

LE CHARBON ET LE DIAMANT

Il n'y a rien de vil dans la nature, et il n'est pas de substance que l'industrie ne puisse mettre à profit; l'exemple du morceau de houille qui se transforme en gaz de l'éclairage, qui se métamorphose en violet d'aniline, une des plus admirables couleurs que l'art de la teinture ait jamais employées, en est une preuve incontestable. Ce charbon noirâtre, que Théophraste appelait avec mépris, il y a plus de deux mille ans, une « substance terreuse », est la base de la civilisation moderne, puisqu'il nourrit les machines à vapeur, ces infatigables ouvriers de fer qui se prêtent aux besoins multiples des sociétés modernes.

Parmi les milliers de substances aujourd'hui connues, il n'en est certainement pas deux qui contrastent d'une manière aussi nette que le charbon et le diamant. Quelle analogie y a-t-il entre ce premier corps, opaque et noir, tellement cassant qu'il tache les doigts par son seul contact, et le second, qui est transparent, qui jette mille feux étincelants dus à son éclat exceptionnel, et qui est tellement dur que les anciens l'appelaient *adamas* (corps indestructible)? Le charbon est une des substances les plus communes et les moins chères; le diamant, au contraire, est très rare et très précieux. Eh bien! ce diamant si estimé, ce charbon si vulgaire ne forment qu'une seule et même substance que les chimistes nomment *carbone*; le charbon est du carbone *amorphe* (sans forme), le diamant est du carbone *cristallisé*; ces deux corps ont une même composition, ce qui prouve que, dans la nature minérale comme souvent aussi dans la nature humaine, il ne faut pas se fier à l'enveloppe.

Le charbon, le diamant ne sont pas les seules variétés de la famille du carbone : le graphite, qui entre dans la confection des crayons, le coke, le noir de fumée, la houille, le noir animal, sont du carbone plus ou moins pur, et on peut voir par ces exemples que cette famille est riche en membres divers qui rendent tous de grands services à l'industrie.

Nous dirons plus tard comment on peut prouver que le dia-

Fig. 65. — Vue d'un atelier de fendeurs de diamant.

mant et le charbon ordinaire sont une seule et même substance; mais, pour le présent, sachez que les diamants bruts sont des cailloux qui ne diffèrent guère des cailloux de silex, et si vous en rencontriez sur votre chemin sans être prévenu, il se pourrait bien que vous ne vous baissassiez pas pour les ramasser; mais quand on use cet enveloppe rugueuse, le diamant apparaît dans toute sa transparence et il reflète avec éclat les rayons lumineux qui se jouent sur ces mille facettes. Les diamants cristallisés ont la forme de cubes ou d'octaèdres; ceux-ci, moins ternes que les précédents, ne sont pas encore d'une bien grande transparence; on dirait qu'une buée de vapeur en ternit la surface; c'est qu'ils n'ont pas encore été soumis à la taille. Les peuples anciens connaissaient le diamant; mais ils n'avaient pas imaginé l'art de le tailler; on attribue généralement la création de cet art à Louis de Berquem, et on prétend que le premier diamant taillé a été vendu à Charles le Téméraire au XVe siècle.

La taille du diamant constitue une importante industrie principalement localisée à Amsterdam, mais acclimatée en France, en Belgique, etc. D'ailleurs, le montage des pierres taillées se fait surtout à Paris. Le travail du diamant est une opération très délicate, qui nécessite des ouvriers habiles.

Quand la pierre brute présente des points noirs ou des taches quelconques à l'intérieur, on la coupe, on la *clive*, pour employer l'expression technique et scientifique. Le *clivage* est une propriété que possèdent les cristaux de se fendre suivant certaines directions. Le gypse et le mica présentent cette propriété à un très haut degré; au moyen d'une lame de canif on peut facilement les diviser en lamelles extrêmement ténues. L'ouvrier fixe le diamant à l'extrémité d'un manche en bois au moyen d'un ciment qui, très dur à froid, se ramollit sous l'action d'une légère chaleur; il frotte ce diamant contre un autre diamant aux arêtes vives et emmanché de la même manière. S'il a bien saisi le plan de clivage, après avoir fait un trait sur la pierre à tailler, il peut couper celle-ci, la séparer en deux au moyen d'une lame d'acier et d'un petit marteau. Cette opération est faite par le *cliveur* ou *fendeur* (fig. 65 et 66).

Le diamant est alors soumis à l'*égrisage*, opération qui a pour but de tailler les facettes les plus larges et qui s'exécute en frottant le diamant, solidement scellé dans le mastic, contre un autre diamant, jusqu'à ce que la facette ait atteint la dimension voulue. Quand la facette est achevée, l'ouvrier chauffe le ciment; il y incruste le diamant dans un autre sens afin de tailler une autre facette. Cette opération exige une très grande habileté : habituellement l'ouvrier frotte l'un contre l'autre deux diamants à tailler, de sorte qu'il mène à la fois deux opérations (fig. 67)

Après cette opération, le diamant est découpé en facettes, mais il est encore rugueux et dépoli; on lui donne le brillant et l'éclat en le frottant contre une meule d'acier où l'on répand une couche de poussière de diamant délayée dans l'huile d'olive. Cette meule d'acier est mue par la vapeur et fait environ 600 tours à la minute (fig. 68 et 69).

Au premier rang des brillants se place généralement le *Régent* de la couronne de France, non par son poids, mais par la pureté de son eau (fig. 70). Le *Régent* vient de Golconde ; il pesait, à l'état brut, 410 carats, et fut acheté à Madras par sir Pitt, moyennant 312 000 francs ; sa taille dura près de deux ans et le réduisit à 136 carats ; elle coûta plus de 120 000 francs, mais les déchets se vendirent 75 000 francs. Ce beau diamant tire son nom,

Fig. 66. — Un compartiment d'atelier de fendeurs de diamant.

comme on le sait, de Philippe d'Orléans, qui l'acheta, en 1717, 3 375 000 francs.

En 1791, l'inventaire des diamants de la Couronne, fait par une commission de joailliers, estima le Régent à 21 millions, chiffre très exagéré. La valeur du diamant n'est pas généralement soumise à de brusques variations et le carat vaut environ 250 francs pour les diamants d'un demi-carat ; mais, à mesure que ces belles pierres augmentent de poids, leur valeur s'accroît suivant une progression géométrique. C'est ainsi qu'un brillant d'un carat vaut de 450 à 500 francs ; un brillant d'un carat et demi, de 800 à 900 francs : un brillant de deux carats, de 1500 à

1700 francs; un brillant de deux carats et demi, de 1800 à 2000 francs; un brillant de trois carats, de 2700 à 3000 francs. — Il va sans dire que la limpidité de la pierre, que sa transparence, que ses qualités modifient sensiblement sa valeur et qu'il est difficile d'établir aucune règle immuable. Cependant on prend pour base ordinaire des transactions la règle suivante de Jeffries : les valeurs de deux diamants de même eau sont entre elles comme les carrés de leurs poids; ou, en d'autres termes,

Fig. 67. — Table du tailleur de diamant.

un diamant dont le poids est le double d'un autre, ne vaut pas deux fois plus que ce dernier, mais bien quatre fois plus. En appliquant cette règle, le *Régent* serait loin de valoir douze millions.

Pendant la nuit du 16 au 17 septembre 1792, le Régent et tous les diamants de France furent volés; les voleurs surent échapper aux plus minutieuses recherches, et l'on croyait perdu pour jamais l'un des plus beaux et des plus précieux diamants, quand une lettre anonyme vint avertir la Commune qu'une partie de ces pierres était enfouie dans un fossé de l'allée des Veuves. On fouilla cette allée de fond en comble, et l'on y trouva quelques joyaux, parmi lesquels était le Régent, dont le voleur n'avait pu probablement se défaire en le vendant.

La plupart de ces objets précieux furent rachetés par Napoléon 1er, dès qu'il put en retrouver la trace, et l'on peut voir aujourd'hui au Louvre le Régent, avec quelques autres pierres précieuses conservées de l'ancien trésor de la couronne de France.

Le *Sancy*, autre diamant célèbre, appartenait à Charles le Téméraire; il fut trouvé sur le champ de bataille où le duc de Bourgogne avait été tué. Volé au mobilier de la Couronne

Fig. 68. — Atelier de la taille.

en 1792, le Sancy disparut, et, après avoir passé par plusieurs mains, il fut acheté à Bruxelles, en 1830, au prix de 500 000 francs, par M. Paul Demidoff, qui le fit monter en or. Plus tard, ce diamant fut vendu et retourna dans les Indes; enfin il revint de Bombay pour briller aux yeux des visiteurs de l'Exposition de 1855 dans la vitrine de MM. Bapst, à côté d'un diamant noir magnifique.

Le plus gros diamant connu est le *Great Premier*, découvert près de Pretoria et pesant brut 3 032 carats! Le *Grand Mogol* pèse 28 carats (fig. 71). L'*Orlow* de la Couronne de Russie pèse 194 carats; le *Grand-Duc de Toscane*, 139 carats[1].

1. Le carat dont il s'agit ici est de 0 gr. 20275; aujourd'hui on le compte à 0 gr. 200.

Le diamant est certainement une admirable pierre, mais l'intérêt qui s'attache à son étude ne serait-il pas bien faible, s'il ne servait qu'à former des diadèmes et des colliers, et si, à côté de ses qualités de luxe, il ne répondait, en aucune façon, aux besoins de l'industrie? Jusqu'à ces dernières années, le diamant n'était guère sorti du domaine du caprice : ce n'était qu'un objet de luxe; mais il n'en est plus de même aujourd'hui.

Fig. 69. — Le polisseur de diamant.

Tout le monde a pu voir dans les salons du Louvre les merveilles de l'art égyptien; on s'est arrêté devant ces blocs de granit, de porphyre, taillés en coupes douées d'un admirable poli qui a su résister à l'action du temps. Il est impossible de travailler rapidement ces roches sur lesquelles s'émousse l'acier le mieux trempé; mais depuis lors on a appris à tailler, roder les pièces les plus dures, porphyre et granit, à les façonner comme de la pierre ordinaire, et c'est le diamant qui permet d'arriver à ces admirables résultats. La pierre à tailler est placée sur un tour; un diamant est serti à l'extrémité d'un outil d'acier, et l'ouvrier le presse contre la pierre qu'il entame, comme le tourneur appuie la gouge contre le bois qu'il veut polir. L'urne funéraire de porphyre du tombeau de Napoléon aux Invalides est un beau spécimen de cette curieuse industrie.

Nous devons dire du reste que ce sont surtout des diamants noirs qu'on emploie à cet usage industriel : ils coûtent moins cher, parce qu'ils ne pourraient pas être utilisés à la parure comme des diamants transparents. Disons aussi que, grâce

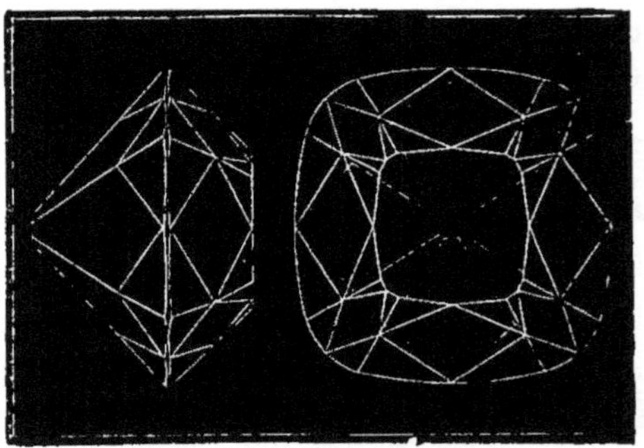

Fig. 70. — Le Régent

notamment aux fameuses exploitations minières du Transvaal, le diamant est devenu beaucoup moins cher que jadis.

Et c'est précisément pour cela que ce procédé ne sert pas seulement à faire des objets d'art; ils est devenu assez écono-

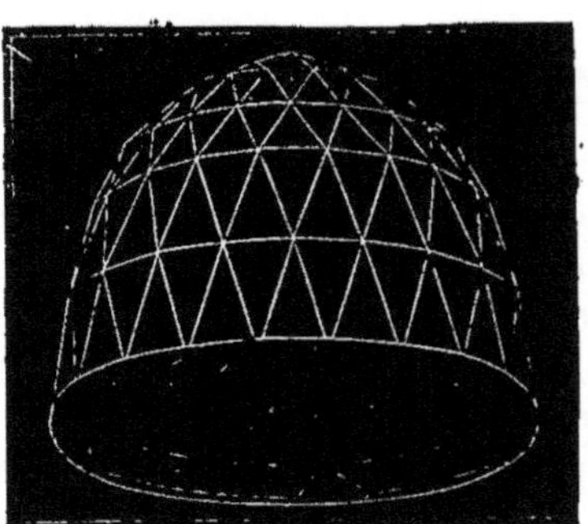

Fig. 71. — Diamant du Grand Mogol.

mique pour pénétrer dans l'industrie. En 1862, M. Leschot, ingénieur, a fait breveter l'idée d'employer le diamant à la perforation des roches les plus dures dans le percement des tunnels, et c'est ainsi que le tunnel du Saint-Gothard a été creusé par des diamants noirs fixés à l'extrémité de fleurets. Et depuis lors le diamant noir sert constamment à forer ou à scier les roches les plus dures. C'est avec des outils armés de diamant noir qu'on fore les puits à la recherche de ce pétrole dont nous parlerons tout à l'heure.

Pour terminer cette histoire rapide du diamant, il nous reste à démontrer par l'expérience que cette substance si précieuse, douée d'un si bel éclat, n'est autre chose que du charbon cristallisé. — Newton, dont la vaste intelligence a éclairé toutes les questions sur lesquelles elle s'arrêtait, avait déjà prévu le

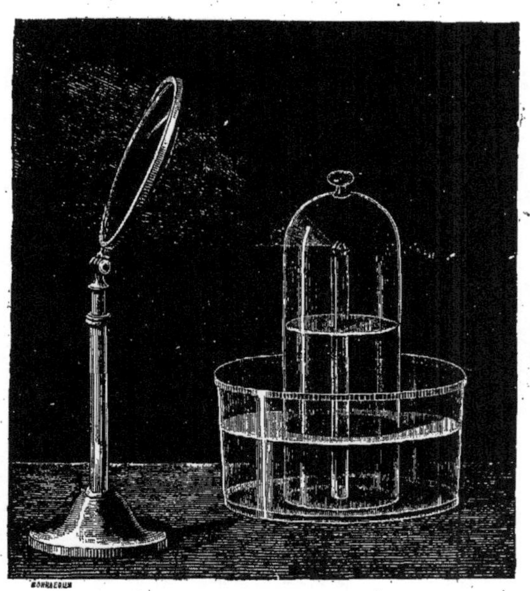

Fig. 72. — Combustion du diamant opérée par Lavoisier.

fait, quelque surprenant qu'il puisse paraître au premier abord, mais aucune expérience n'était venue appuyer ses assertions à ce sujet. En 1694, Cosme III, grand-duc de Toscane, fit étudier la nature du diamant par les célèbres Averani et Targioni, membres de l'Académie *del Cimento*. Ces savants placèrent un morceau de diamant au foyer d'un miroir ardent, et ils virent peu à peu la belle pierre perdre sa transparence, noircir et disparaître enfin complètement. Plus tard, vers la fin du XVIIIe siècle, Rouelle, Macquer, Roux, Cadet, Lavoisier, recommencèrent cette curieuse expérience, et reconnurent que le diamant, sous la double influence de l'air et d'une température

Fig. 73. — Le four Moissan, où l'on produit des diamants artificiels.

très élevée, était susceptible de brûler comme le charbon. Lavoisier constata enfin que le diamant, comme le charbon, se transformait en acide carbonique pendant sa combustion (fig. 72). En 1847, M. Jacquelain soumit le diamant à l'action d'un courant électrique très intense, il le vit se boursoufler, perdre sa transparence, devenir noir et friable comme un morceau de coke, et brûler enfin complètement sans laisser de résidu. — La conséquence de ces expériences est l'affirmation de la similitude de nature que présentent le diamant et le charbon ordinaire. Le diamant est du charbon à un état moléculaire particulier; c'est du carbone cristallisé. On peut avec du diamant faire du charbon, mais peut-on opérer la transformation inverse, c'est-à-dire faire cristalliser le charbon et le métamorphoser en diamant?

Pour faire cristalliser les corps, les chimistes les dissolvent dans un liquide ou les volatilisent sous l'action du feu, ou bien encore les soumettent à la fusion sous l'action de la chaleur. Or le carbone n'est ni volatil, ni fusible, et enfin il ne se dissout que dans le fer fondu. Quand on met en fusion la fonte au contact du charbon, on obtient, non pas le diamant, mais le graphite, c'est-à-dire une matière semblable à celle qui est employée à la confection de nos crayons dits de mine de plomb. Il ne faudrait pas croire toutefois que les chimistes n'avaient point l'espérance de reproduire artificiellement le diamant; ce n'est pas là un problème qu'ils considéraient comme insoluble, et un hasard heureux, ou mieux un travail acharné, pouvait un jour amener la réussite.

La chose est réalisée maintenant. La curieuse transformation du charbon en diamant a été tout d'abord réalisée par M. Despretz, sinon d'une manière pratique, du moins par une méthode suffisamment précise pour démontrer que le problème était résolu au point de vue purement scientifique. Un cylindre de charbon pur a été placé à la partie inférieure de l'œuf électrique, un faisceau de platine à la partie supérieure. On a dirigé le courant d'induction de telle manière que le charbon fût dans la partie rouge de l'arc voltaïque, et les fils de platine dans la partie violette. Après plusieurs mois, les fils de platine étaient recouverts d'une couche noire de charbon, dans laquelle on reconnaissait à l'aide de la loupe des parcelles cristallines et brillantes. Cette poussière mêlée d'huile polissait le rubis comme la poudre de diamant. Et, comme l'a bien expliqué

M. Despretz, il y a eu dans cette expérience production d'une petite quantité de diamant; mais on voit qu'il y a encore un abîme entre de semblables parcelles et un diamant tel que le Régent.

Depuis lors une admirable expérience et bien plus concluante a été exécutée par M. Moissan. A l'aide du four électrique, il a fondu du carbone, puis l'a soumis à une compression énorme (comme celle qui s'est produite sans doute au sein de notre globe), et il a recueilli des petits diamants bien cristallisés. Ce four électrique sert du reste à bien d'autres usages maintenant.

Notons que le diamant se rencontre abondamment dans certaines régions du Brésil, où on en trouve dans le sable de quelques cours d'eau. On l'exploite abondamment aussi dans l'Inde, dans le sud de l'Afrique, où les exploitations du Transvaal ont une réputation méritée.

Avant de finir, ajoutons que le graphite est une variété de carbone souvent désignée sous le nom de *plombagine* ou de *mine de plomb;* ce corps, qui entre dans la confection des crayons, qui est employé par la galvanoplastie pour rendre conducteurs de l'électricité les substances qui ne le sont pas naturellement, est représenté par de nombreux échantillons. Le graphite se rencontre en gisements très abondants dans les terrains de la Sibérie. Le graphite appartient aux terrains de formation ancienne, et se rencontre encore en Bavière, dans le Cumberland en Angleterre et dans les Pyrénées en France.

DIX-SEPTIÈME CAUSERIE

LES CABLES SOUS-MARINS ET LA TÉLÉGRAPHIE SANS FIL

Vous savez certainement les services que rend la télégraphie, en permettant aux gens de communiquer à très grande distance de façon pour ainsi dire instantanée; et vous devez savoir aussi qu'on communique à travers les mers à peu près de la même façon que par ces fils attachés aux poteaux qui bordent les routes et les chemins de fer. Mais la pose des fils donnant passage au courant électrique est autrement difficile à travers les océans, parce que les fils doivent être posés au fond de l'eau, et de manière qu'ils ne puissent guère être rompus, et aussi que le courant passe aussi aisément que possible.

Tout naturellement ce ne sont pas de simples fils métalliques qu'on étend au fond de la mer, sur la distance énorme qui sépare par exemple l'Angleterre ou la France des États-Unis, et sur laquelle pourtant des communications électriques sous-marines sont établies : il faut pour cela ce qu'on appelle des câbles télégraphiques sous-marins. Au centre sont quelques fils de cuivre qui sont destinés à donner passage au courant électrique; mais ces fils doivent être protégés du frottement sur les rochers, quand la violence de la mer secoue les câbles, et arrive parfois à les tordre comme une simple ficelle, en dépit de leur grosseur. Ils doivent également être isolés de l'eau qui les entoure, où ils baignent, pour que les signaux électriques passent bien d'un bout à l'autre du câble. Et c'est dans ce double but que les fils de cuivre qui forment l'*âme* du câble sont enveloppés d'abord d'une triple couche d'une substance spéciale analogue au caoutchouc, et qu'on nomme de la gutta-percha; puis, par-dessus, on tord toute une série de gros fils d'acier qui donnent au câble une résistance considérable, et encore ne place-t-on les fils d'acier qu'après avoir recouvert la gutta-percha d'une couche de chanvre, qui empêche les fils de pénétrer dans la première enveloppe. Et par-dessus le tout on enroule un gros filin en chanvre goudronné, qui empêche l'eau de mer de détériorer l'acier des fils. De plus, dans les parages où le câble sous-marin est plus exposé à frotter violemment sur des rochers, près des côtes, on pose une seconde armature, comme on dit, faite de chanvre goudronné, de fils métalliques. Vous pensez qu'un pareil câble doit bien résister à l'usure, et aussi aux mouvements qu'il subit du fait des vagues parfois; du reste les baleines mêmes, dans leurs promenades sous l'eau, vont les

Fig. 74. — Un câble sous-marin tordu par la violence de la mer.

heurter et y font néanmoins des dégâts; ou encore les ancres des navires s'y prennent et les détériorent plus ou moins, malgré leur protection soignée.

Mais vous pensez aussi que ces câbles pèsent lourd, et que ce n'est pas une mince besogne que de les mettre à l'eau sur les centaines de lieues de développement que représentent les communications télégraphiques sous-marines. Et d'autant que le navire qui est chargé de les aller immerger emporte en une seule fois tout le câble qui doit par exemple s'étendre de Brest à la côte américaine.

C'est pour cela qu'on a imaginé des navires spéciaux pour la pose de ces câbles sous-marins, navires qui portent tout le câble enroulé à l'avance dans de vastes réservoirs, d'où il sortira en se déroulant peu à peu au fur et à mesure qu'on le descendra au fond de la mer. Ces réservoirs sont du reste pleins d'eau, parce qu'il faut que la gutta-percha protégeant les conducteurs soit dans l'eau pour se conserver en bon état. Toute une série d'appareils sont disposés sur le pont du bateau pour faciliter la pose, la mise à l'eau du câble; et l'opération est pourtant bien souvent malaisée quand le mauvais temps survient, et que parfois le bateau est obligé de lâcher le câble, en le coupant, pour revenir ensuite plus tard le repêcher là où il l'avait coupé, afin de reprendre la pose, en rejoignant la partie coupée à la portion du câble qui était demeurée à bord du bateau dans les réservoirs.

Mais ce n'est pas tout que de poser le câble. Souvent, du

Fig. 75. — Un câble sous-marin sur le pont du navire chargé de la pose.

moins trop souvent, et en dépit des perfectionnements apportés à la confection et à la pose de ces conducteurs télégraphiques sous-marins, il se produit une rupture, sous la violence de la mer par exemple, ou pour d'autres causes, et les dépêches ne passent plus ou ne passent que mal. Alors il faut rechercher le point où s'est produit un défaut, et pour cela le navire spécial se promènera en relevant le câble de point en point, le long de la ligne d'immersion; et quand il aura trouvé la partie défectueuse, des ouvriers installés au-dessus de l'eau, comme le montre la première page de ce livre, se livreront à la réparation; peut-être couperont-ils un morceau du câble, pour en insérer un tout neuf à la place. Et quand le travail sera terminé, on laissera de nouveau le câble tomber à l'eau, et les communications télégraphiques recommenceront de plus belle.

Mais on a cherché encore mieux que ces télégraphes sous-marins, qui entraînent, comme vous voyez, des difficultés de

Fig. 76. — Un poste de télégraphie sans fil.

pose et un entretien compliqué et coûteux des conducteurs électriques qu'on place sous l'eau au fond de la mer. Et un inventeur illustre, M. Marconi, aidé par d'autres savants, est parvenu à inventer la *télégraphie sans fil.*

Au moyen de ce mode de communication sans conducteur, on peut échanger des signaux électriques et télégraphiques à distance, sans que le courant électrique et les signaux aient à suivre le moindre fil métallique. En réalité, et sans que je

Cunard Bulletin.

R.M.S. "LUCANIA," from New York to Liverpool October 3rd, 1903.

MARCONIGRAMS.

SIGNOR MARCONI ON BOARD. SHORE COMMUNICATIONS ALL THROUGH VOYAGE.

Sunday, Oct. 4th, 1903.

Position—

Lat. 40.51 N. Long. 66.27 W.

Distance from Queenstown 2,402 miles.

" Sandy Hook L'ship 343 "

Communication with Marconi Station at Babylon from 6 p.m. till 9 p.m. Saturday, October 3rd. Distance from ship to station 45 miles. Passengers' telegrams were duly exchanged.

Communication with Marconi Station at Sagaponack from 9.50 p.m. Saturday, October 3rd, till 1 a.m. Sunday 4th. Distance from ship to station 65 miles. Passengers' telegrams were duly exchanged.

Communication with Marconi Station at Nantucket from 1 a.m. till 6 a.m. Distance from ship to station 90 miles. Service and passengers' telegrams were duly exchanged.

Communication was established with the Marconi Station at Cape Cod from 7 till 7.30 a.m. Private Telegrams were received. Distance from ship to station 80 miles.

Communication was established with the Marconi Station at Glace Bay (Canada) from 10.30 a.m. till 11.30 a.m. Distance from station to ship 600 miles. Private telegrams were received.

Communication was established with Glace Bay (Canada) from 8 p.m. till 9 p.m. Distance 350 miles.

Latest News Received from Glace Bay.

New York, Oct. 4th, 1903.

Seven killed and five injured in the collapse of the Corning Distillery building, Peoria, Illinois.

Epidemic of Typhoid in Algeria, caused suspension of the military manœuvres.

Fig. 77. — Journal publié à bord d'un transatlantique grâce à la télégraphie sans fil.

puisse vous expliquer cette merveille, les signaux, le courant électrique passe à travers l'air et va de l'appareil où on le fait jaillir à celui qui est destiné à le recevoir, où il fait marcher un appareil qui permet de reconnaître le signal qu'on a envoyé, et par suite la lettre, le mot, la phrase qu'on a voulu télégraphier. C'est déjà bien beau qu'on puisse échanger des signaux de ce genre à faible distance, sans avoir à poser le moindre conducteur électrique : c'est une simplification considérable et précieuse; mais on est arrivé à bien autre chose. Maintenant ces communications par télégraphie sans fil, ainsi qu'on les nomme, se peuvent faire à très grande distance. Et comme l'échange des signaux électriques se fait par l'air, le procédé réussit aussi bien sur la mer que sur la terre. Et de la sorte on peut échanger des dépêches télégraphiques à travers une vaste étendue de mer sans le moindre câble sous-marin.

On était triomphant quand on a pu communiquer de la sorte entre la France et l'Angleterre; mais depuis lors on est arrivé à de bien autres résultats. On a communiqué à travers tout l'océan Atlantique, de la côte Canadienne à l'Irlande; et si cela ne s'est fait encore que de façon exceptionnelle, du moins couramment aujourd'hui les navires qui sont munis de dispositifs de télégraphie sans fil peuvent communiquer à 800, 900, 1 000 kilomètres de distance, avec les autres navires qui passent sans qu'on puisse se douter de leur présence à cette distance considérable, ou avec les postes de télégraphie sans fil installés sur les côtes, et sans que les meilleurs yeux puissent apercevoir rien des mâts qui servent à lancer en l'air les signaux électriques? Si bien qu'aujourd'hui les paquebots qui font la traversée d'Europe en Amérique ou inversement communiquent constamment avec d'autres navires ou avec des postes des côtes, par la télégraphie sans fil, et peuvent publier à bord un petit journal donnant les nouvelles toutes fraîches qui arrivent grâce à cette admirable découverte.

DIX-HUITIÈME CAUSERIE

LE CAFÉ, LE THÉ, LE CHOCOLAT

Le café est produit par un grand arbrisseau aux feuilles ovales, qui, pendant des siècles, a végété inconnu en Arabie.

Parmi les nombreux consommateurs qui absorbent les sept millions de quintaux de café annuellement expédiés en Europe, il en est bien peu qui connaissent l'histoire du café, qui sachent par quelles falsifications ce précieux aliment a souvent été dénaturé. Aussi nous avons pensé qu'il serait intéressant de consacrer une de nos causeries à une boisson généralement si estimée et si appréciée.

Il n'y a guère plus de deux siècles et demi que le café est connu, et c'est depuis un siècle environ que l'usage en est répandu chez tous les peuples. Les uns racontent que le supérieur d'un monastère d'Arabie, pour empêcher les moines de s'assoupir pendant la nuit aux offices, leur faisait boire une infusion de café ; d'autres prétendent que Ehadely fut le premier Arabe qui usa de cette boisson, afin de pouvoir prolonger ses prières nocturnes.

En 1582, Prosper Alpin, qui accompagnait au Caire le consul de Venise, observa l'arbre à café dans les jardins du pacha et en donna une description, très incomplète à la vérité; mais il nous apprit le premier que les Arabes prenaient des infusions faites avec les graines de ses fruits.

Vers la fin du XVIIe siècle, les Hollandais transportèrent le café de Moka à Batavia. Le climat de Batavia fut favorable au caféier, et, en quelques années, les îles de Java, de Ceylan et Surinam virent leur territoire se hérisser de ces arbrisseaux d'une nouvelle espèce.

Un pied de caféier fut envoyé à Amsterdam. Il vécut, produisit des fruits et des graines. Les individus auxquels il donna naissance furent distribués; l'un deux fut offert à Louis XIV en 1714. Le grand roi envoya au Jardin des Plantes l'arbrisseau, qui y réussit aussi bien que celui d'Amsterdam.

Ce fut à cette époque que l'usage du café s'introduisit en

Fig. 78. — Le séchage du café.

France, et chacun voulait goûter la nouvelle boisson, qu'on vantait outre mesure. Dès lors la consommation du café a toujours été en augmentant, et le temps a démontré que madame de Sévigné a fait une double méprise en affirmant que Racine passerait comme le café

C'est en 1820 que fut confié à Déclieux, capitaine de vaisseau, un jeune pied de caféier destiné à être planté à la Martinique. Pendant la traversée, qui fut longue et pénible, l'eau vint à manquer; le caféier souffrait et l'on pouvait croire qu'il n'atteindrait pas les côtes du nouveau continent. Déclieux, pour conserver ce précieux dépôt, sacrifia à l'arbuste une grande partie de sa propre ration d'eau. C'est grâce à ce noble dévouement que la Martinique, Saint-Domingue, la Guadeloupe, etc., virent se créer de nombreuses plantations de caféier qui se répandirent au Brésil et ailleurs.

Le café ne se sème pas généralement en pépinière : on fait germer la graine et la pulpe qui l'entoure entre des feuilles de bananier. Après sept ou huit jours de germination, on sème ces graines, et c'est seulement à la seconde année de sa plantation que fleurit le caféier. Si on le laisse croître, il peut atteindre 8 mètres d'élévation, mais on arrête toujours sa croissance en l'écimant; et c'est ordinairement à 1 mètre et demi que les planteurs fixent sa hauteur.

Pendant deux ans, le caféier exige les soins les plus minutieux; pas une herbe ne doit se développer sur le sol qui l'entoure, et la présence des insectes doit être évitée. Après ces deux années de vigilance, si le ciel lui a prodigué les pluies qui lui sont nécessaires, le caféier se couvre de fleurs. Bientôt après les fruits commencent à se montrer, et l'arbre ne tarde pas à s'émailler de petites cerises rouges, dont la saveur sucrée indique la maturité. Les cerises ne mûrissent jamais simultanément; aussi la cueillette se fait-elle à plusieurs reprises.

Dans l'intérieur de chaque cerise se trouvent deux graines, qui sont les grains de café. Pour les extraire et les séparer de la pulpe qui les emprisonne, on fait passer les fruits dans un cylindre, puis on les laisse tremper dans de l'eau pendant deux jours. En les faisant sécher au soleil, on les débarrasse de la matière mucilagineuse qui forme le fruit.

Un hectolitre de cerises donne environ 40 kilogrammes de café marchand.

Les graines de la cerise, une fois séparées du fruit et séchées, sont soumises à l'action de la chaleur; on les torréfie pour y développer une essence, une huile particulière qui leur communique l'arome connu de tout le monde.

Après la torréfaction, il reste à broyer les grains, dont l'infusion constitue la boisson du café.

A peine le café fut-il connu, que l'on songea à le falsifier.

Le mal est toujours à côté du bien, comme le faux à côté du vrai, et il n'est aucune substance alimentaire ou médicinale, aucun produit, aucun objet utile qu'on n'ait cherché à contrefaire. A chaque création nouvelle correspond une contrefaçon, et la falsification suit toujours de près l'apparition de toute nouvelle substance. On a fait des recherches sans nombre pour trouver une plante commune qui pût imiter le café. L'orge, le maïs, l'avoine, le seigle, toutes les graines, toutes les racines

Fig. 79. — Rameau et fruit du caféier.

ont tour à tour été torréfiées, infusées; mais tous ces produits ont dû être abandonnés. On a conservé la chicorée et aussi les figues torréfiées, ainsi que les glands doux. La chicorée est une plante bien connue, dont la racine, soumise à l'action d'une chaleur modérée, possède la triste propriété de communiquer à l'eau une couleur brune, très foncée, qui imite grossièrement celle du café. Quel contraste entre le café, nutritif, propre à exciter les facultés de l'intelligence, doué d'un arome exquis, fortifiant l'estomac, et la chicorée, d'une saveur désagréable et d'une affreuse amertume! Cependant on se plaît aujourd'hui, en dépit du goût, à unir ces deux extrêmes; la consommation de la chicorée est considérable, et quelques-unes des fabriques qui la produisent ont reçu des médailles d'or à la dernière Exposition universelle.

L'examen du café au microscope permet avec un peu d'habitude de dévoiler les fraudes.

Le café torréfié est souvent mélangé de caramel, ce qui lui donne un goût très agréable; mais si on ajoute 15, 20 ou même

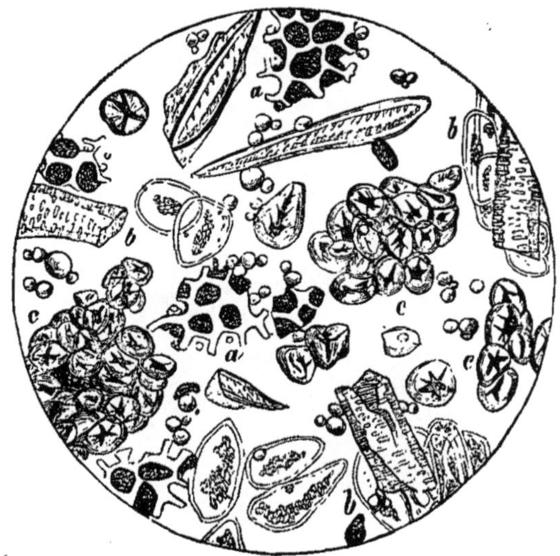

Fig. 80. — Café falsifié vu au microscope. — *bb*, fragments de chicorée; *cc*, grains de fécule provenant du gland de chêne.

30 p. 100 de ce dernier produit, il y a fraude. Ce qu'on peut, du reste, facilement reconnaître en laissant tremper dans l'eau les grains de café. L'eau dissout le caramel et se colore; elle reste limpide quand la graine est naturelle.

Notons, au point de vue des falsifications, qu'on est arrivé à fabriquer, par moulage, des grains faits d'une pâte colorée, et imitant les grains de café.

Les falsifications du café et surtout celles de la chicorée sont faites pour inquiéter; mais nous devons rassurer nos lecteurs, en leur affirmant que ces cas sont rares, et cela d'autant plus que la production du vrai café atteint un chiffre énorme.

Cependant le café *moulu* renferme bien souvent de la chicorée, et voici comment on reconnaît la présence de cette dernière matière :

Prenez une éprouvette ou un verre à champagne plein d'eau, versez à la suface du liquide le café moulu.

Si le café est pur, l'huile qui en entoure les fragments le préservera du contact de l'eau; il ne se mouillera pas et

Fig. 81. — Le triage du thé.

surnagera : la limpidité du liquide ne sera pas troublée.

S'il est additionné de chicorée, celle-ci, dépourvue de matière huileuse, se mouillera, se précipitera au fond du vase, en colorant en jaune tout le liquide.

Il existe d'autres procédés propres à indiquer les altérations du café; mais ils exigent des manipulations un peu plus compliquées et nous les passerons sous silence.

L'analyse chimique a permis d'extraire de la graine du café plusieurs principes immédiats, tels que la caféine, l'acide chlorogénique et quelques essences aromatiques développées par les effets d'une légère torréfaction; elle a donné des caractères permettant de distinguer d'une manière certaine les différentes variétés du café.

Il serait intéressant de connaître les effets exercés dans l'économie animale par les substances caractérisées qui constituent le café. Quelles actions exercent la caféine, l'acide chlorogénique et les essences aromatiques?

L'expérience a appris que le café, tout différent des boissons alcooliques qui engourdissent les sens, excite au contraire les facultés de l'intelligence.

Les médecins ont émis diverses opinions sur ces propriétés sanitaires; mais, malgré certaines inculpations calomnieuses, le café sera toujours une agréable boisson : il facilite la digestion, fortifie l'estomac, amortit l'action des liqueurs enivrantes et neutralise les effets narcotiques de l'opium.

Sa propriété la plus remarquable consiste dans son action sur les organes de la pensée.

La privation de sommeil, une excitation singulière, une grande lucidité dans les idées, tels sont les effets causés par cette boisson. Ces effets sont adoucis par l'habitude, mais cependant beaucoup de personnes y sont toujours sensibles. Et d'ailleurs il n'en faut point abuser, pas plus que d'autre chose.

Mais vous êtes peut-être également curieux de savoir quelque chose de ce thé et de ce chocolat, qui constituent eux aussi de bonnes boissons, dont on tend à faire de plus en plus usage, même pour le thé, qui est longtemps demeuré peu connu en France, au contraire de ce qui se passait dans l'Extrême Orient et en Angleterre.

Le thé est originaire de la Chine; c'est un arbrisseau de la même famille que le camélia, et qui ne dépasse guère 2 mètres de haut. Et ce sont ses belles feuilles vertes que l'on traite par infusion dans l'eau bouillante pour donner la boisson parfumée. Pour donner ces petits morceaux de bois qui ne ressemblent guère à des feuilles, et qu'on jette dans la théière, les feuilles sont à plusieurs reprises humectées, puis desséchées et jetées dans des bassines en fonte très chaudes, où on les agite sans cesse pour les faire se rouler sur elles-mêmes; avant d'être mises dans le commerce, elles sont minutieusement triées suivant la qualité. Le thé a un peu la même influence que le café, mais affaiblie, et c'est une bonne boisson réconfortante, dont il ne faut pas plus abuser que de rien.

Autrefois on ne consommait guère que des thés de Chine;

mais maintenant la culture s'en est introduite au Japon, à Ceylan, dans l'Inde anglaise, et les thés de Ceylan en particulier sont consommés en quantités considérables. C'est du reste le thé Chinois qui est vraiment le plus parfumé.

Vous aimez sans doute mieux le chocolat que le thé, et le fait est que c'est beaucoup plus un aliment que le breuvage chinois.

Vous savez, j'espère, que ce n'est point le chocolat, mais le cacao que l'on récolte : et le fait est que le chocolat que vous aimez bien comme gourmandise ou avec du pain, est fait d'un mélange de cacao, de farine et de sucre. Le cacao lui-même est la graine torréfiée et pulvérisée d'un arbre qu'on appelle le cacaoyer, qui est originaire du Mexique, et que l'on s'est mis à cultiver dans bien des pays, précisément parce que les consommateurs de cacao et de chocolat se sont étrangement multipliés et qu'il faut bien satisfaire leur goût. Il pousse maintenant et donne d'excellents fruits en Afrique tout aussi bien qu'en Asie.

Le fruit du cacaoyer ressemble à un petit concombre, où sont logées une vingtaine de graines contenant la matière brune qui donne par écrasement le cacao. On extrait les graines, on les expose un jour au soleil, puis on les rôtit légèrement moins que le café, et on les fait passer sous de lourds cylindres qui les écrasent et en font un pâte avec laquelle on fera les tablettes de chocolat, en ajoutant tout au moins du sucre. Je vous ai parlé de farine, parce que pour ainsi dire toujours on additionne la pâte sucrée de farine.

Vous voyez combien les pays éloignés nous donnent de produits précieux que nous apportent les navires sillonnant continuellement les mers.

DIX-NEUVIÈME CAUSERIE

LE TABAC, L'ALCOOL ET L'HYGIÈNE

La culture du tabac en Europe date de 1518. A cette époque Fra Romano Pone, missionnaire espagnol qui avait voulu s'associer à la fortune de Christophe Colomb, eut l'idée d'envoyer d'Amérique de la graine de tabac à l'empereur Charles-Quint, après avoir observé quelques effets de l'ivresse produite par cette plante vénéneuse. Les Indiens en faisaient depuis longtemps usage pour combattre un grand nombre de maladies. Les devins et les prêtres, lorsqu'ils voulaient prédire le succès de quelque affaire d'une grave importance, en recevaient la fumée dans la bouche et les narines à l'aide de longs tubes; d'autres en faisaient usage pour se procurer une agréable ivresse.

C'est en 1560 que Jean Nicot, ambassadeur de France à Lisbonne, offrit à la reine Catherine de Médicis de la poudre de tabac, comme un remède efficace contre la migraine. Dès lors cette plante exotique se répandit rapidement dans toutes les classes de la société, malgré le roi Jacques Ier, qui, en 1604, déclara que le tabac devait être extirpé du sol comme une mauvaise herbe; malgré le pape Urbain VIII, qui, en 1624, excommunia les personnes qui prisaient dans les églises; enfin malgré le roi de Perse Amurat IV, qui en défendit l'usage sous peine d'avoir le nez coupé. La consommation du tabac prenait de jour en jour une plus grande extension, et, sous les règnes de Louis XIII et de Louis XIV, il était de mauvais ton de se présenter à la cour sans avoir le nez bourré de cette poudre brunâtre qu'on offrait à tous les assistants.

L'abus du tabac à priser souleva cependant les récriminations de quelques médecins, et Molière lui-même ne tarda pas à se moquer des priseurs en faisant dire à Sganarelle dans le premier acte de *Don Juan* :

« Quoi que puisse dire Aristote et toute sa philosophie, il n'est rien d'égal au tabac : c'est la passion des honnêtes gens, et qui vit sans tabac n'est pas digne de vivre. Non seulement il réjouit et purge les cerveaux humains, mais encore il instruit les âmes à la vertu, et l'on apprend avec lui à devenir honnête homme, etc. »

Le nombre des priseurs n'en continuait pas moins à augmenter, jusqu'au moment où la pipe fut introduite en France par l'illustre Jean Bart. Alors grands et petits se mirent à fumer; à la curiosité succéda l'habitude, et depuis le jour où Louis XIV surprit ses filles qui fumaient en cachette, l'invasion du tabac s'étendit sur toute l'Europe.

A la fin du siècle dernier, le tabac rapportait au Trésor de 20 à 30 millions par an; en 1861, il a produit la somme de 215 millions.

De 1811 à 1861 les fumeurs français ont fourni au Trésor la somme de *cinq milliards*! C'est le tiers du prix de revient du réseau de tous nos chemins de fer.

Les feuilles de tabac contiennent de 2 à 7 p. 100 de nicotine, un des plus terribles poisons qui nous soient donnés par le règne végétal; l'huile de tabac renferme de grandes quantités de nicotine; une simple infusion de plantes de tabac prise en lavement peut tuer un homme valide, et la fumée produite par cette plante vénéneuse tient en suspension 7 p. 100 de nicotine.

Dans les manufactures de tabac (fig. 82), « la plupart des ouvriers sont obligés de suspendre leurs travaux de temps en temps, pour cause de maux de tête, de nausées, de dyspepsie, etc. On a même vu périr un malheureux qui s'était endormi dans l'atelier de la fermentation. Les ouvriers qui se sont faits à cette atmosphère en souffrent toujours néanmoins. Ils ont le teint gris; ils éprouvent souvent des maux de tête et des troubles de la digestion; ils maigrissent et on des tremblements nerveux. »

Il est incontestable que le tabac produit de fâcheux effets sur l'organisme, et nous connaissons, pour notre part, grand nombre de fumeurs de profession qui on dû renoncer complètement à une habitude qu'ils croyaient cependant indispensable.

Mais ce qui est beaucoup plus sérieux et plus grave, c'est l'action du tabac sur le cerveau, c'est la part qu'il semble prendre au développement de l'aliénation mentale. D'après M. Moreau, on ne rencontre pas de cas de paralysie générale et progressive dans l'Asie Mineure, où le peuple est sobre, ne connaît pas l'abus du tabac et des liqueurs alcooliques. — En Europe, au contraire, les cas de folie se multiplient avec une terrifiante rapidité à mesure que s'accroît le débit du tabac. De 1830 à 1862 le produit de l'impôt du tabac est monté en France de 30 à 200 millions, et pendant ce laps de temps le nombre des aliénés s'est élevé de 8 000 à 44 000.

D'après les travaux et les recherches expérimentales de M. Claude Bernard et celles de M. Decaisne, le tabac exerce surtout ses effets sur les centres nerveux, et particulièrement sur la fibre motrice. M. Jolly, qui a étudié avec beaucoup de soin cette importante question, a cherché des documents dans les asiles publics et les hôpitaux. — La *paralysie musculaire* et *nicotique* domine chez les hommes au point de constituer à elle seule l'excédent du chiffre normal des aliénés ; après de sérieuses informations, M. Jolly a constaté que l'origine de ces maladies était l'abus du tabac. Dans les hôpitaux de femmes aliénées, on ne rencontre guère que des paralysies générales.

Mais, dira-t-on, l'abus des liqueurs spiritueuses s'associe presque toujours à l'abus du tabac. Peut-on séparer ces deux causes? Ne fait-on pas jouer au tabac le rôle de l'absinthe, de l'eau-de-vie et des autres boissons alcooliques?

Certains hygiénistes, ennemis déclarés du tabac, sont venus affirmer de façon formelle qu'il est permis d'attribuer spécialement à l'abus du tabac la paralysie générale des aliénés, de cette terrible maladie, véritable épidémie qui paraît envahir la France presque tout entière. Cette maladie a été longtemps rare cependant dans la Saintonge, le Limousin, la Bretagne ; mais on ne fumait que peu dans ces provinces. C'est encore un argument fourni à l'appui de l'opinion de M. Jolly et des autres savants qui veulent former une coalition, une véritable croisade, contre l'envahissement du tabac. Malheureusement le mal est trop profondément enraciné chez nous pour qu'il soit possible de l'arracher ; tout le monde fume, et bien souvent l'ouvrier, réduit à choisir entre l'achat du pain et l'achat du tabac, se décide pour le tabac, et tâche d'oublier sa faim en allumant sa pipe!

On doit du reste se garder de rien exagérer sans être armé de preuves certaines, et l'action du tabac sur l'hygiène publique n'est pas suffisamment démontrée pour qu'il soit per-

Fig. 82. — Ouvrier préparant les feuilles de tabac destinées à passer dans la machine à hacher.

mis de le signaler comme un véritable danger redoutable. Nous avons voulu en tout cas seulement vous mettre brièvement, mes jeunes amis, au courant d'un des problèmes les plus graves de l'hygiène public. L'assertion de quelques observateurs sur les effets produits par l'abus du tabac nous paraît empreinte d'exagération; mais il n'en est pas moins vrai que le tabac peut être nuisible : il n'a d'autre avantage que de charmer nos loisirs en nous procurant un léger assoupissement et en étalant à nos yeux un nuage de fumée qui se dissipe peu à peu et s'agite doucement pour prendre mille formes bizarres et capricieuses.

L'aliénation mentale en France augmente d'une manière considérable : les chiffres sont là pour l'affirmer. Mais la cause est-elle uniquement due au tabac? La vie agitée, le mouvement des affaires, la préoccupation qui en résulte, les excès de toute nature n'exercent-ils pas aussi sur nos cerveaux une funeste influence?

Et ce qu'il ne faut pas oublier surtout, c'est l'alcool, et le fléau véritable que constitue son usage immodéré, l'alcoolisme.

L'alcool est le résultat d'une décomposition toute spéciale de cet aliment excellent qu'on appelle le sucre : sous l'influence d'un germe, d'un ferment, le sucre se décompose en alcool et acide carbonique; c'est une décomposition de ce germe qui se produit dans le jus sucré du raisin qu'on appelle le vin, d'où l'on tire par distillation l'acool, de même qu'on peut le tirer du jus sucré de la betterave, du jus de pommes, etc. Or ce liquide, cet alcool, qui peut rendre parfois quelques services comme remontant, comme tonique, quand on en use souvent, au contraire, entraîne des inflammations de l'estomac, des maladies nerveuses terribles. Son action est encore bien plus redoutable et néfaste quand on le boit additionné de certaines herbes, comme l'absinthe. Et il est à coup sûr la cause principale du développement de l'aliénation mentale en France.

VINGTIÈME CAUSERIE

LES HUITRES, LES MOULES ET LES RICHESSES DE LA MER

Cicéron nous confesse qu'une de ses joies les plus grandes était de se réfugier, en compagnie d'Atticus, son illustre ami, dans sa villa de Tusculum, et d'y oublier l'agitation des affaires en arrosant de vin de Falerne des huîtres pêchées sur les rivages de la Gaule.

Après cet aveu, fait par celui que les Romains appelaient le Père de la Patrie, il nous sera permis de parler de ces mollusques, beaucoup plus intéressants qu'on ne le croirait tout d'abord.

L'huître est un mollusque de la classe des Acéphales (du grec *acéphalos*, sans tête). Elle est répandue dans presque toutes les mers, et partout elle est recherchée pour la nourriture de l'homme. Sa coquille est à deux valves et se ferme au moyen d'une charnière (fig. 83). Cette coquille est ovale ou ronde, nacrée intérieurement, et présentant à l'intérieur une structure grossièrement feuilletée. L'animal n'a qu'un seul muscle, qui sert à ouvrir et à fermer la boîte calcaire où l'a emprisonné la nature. Dépourvu de tête, il a une bouche située tout près de la charnière de la coquille. Son cœur, placé entre ce muscle unique et les viscères, se distingue par la couleur brune dont est nuancée son oreillette. La fécondité des huîtres est prodigieuse; chaque année elles produisent une innombrable quantité d'œufs, qu'elles abandonnent à la mer; mais ces œufs ne se disséminent pas dans la masse liquide, ils se rassemblent, s'agglutinent et se fixent sur les coquilles voisines. Ce sont ces myriades de jeunes huîtres qui constituent les *bancs* en formant des amas d'une étendue considérable (fig. 84 et 85). Condammée à l'immobilité, l'huître est fixée au banc où elle a pris naissance; elle naît, se développe et meurt sans avoir changé de place. Ce sont les flots de l'Océan qui se chargent de la nourrir, en lui apportant du frai de poissons et des débris organiques de toute nature. L'huître s'accroît lentement, et il lui faut trois années pour acquérir la taille de celles qu'on livre au commerce (fig. 86).

Quand l'huître a acquis le développement nécessaire, il faut qu'elle soit *parquée* pour prendre la saveur délicate qui la fait rechercher; on la fait séjourner à cet effet soit dans un réservoir d'un mètre environ de profondeur, communiquant avec la mer

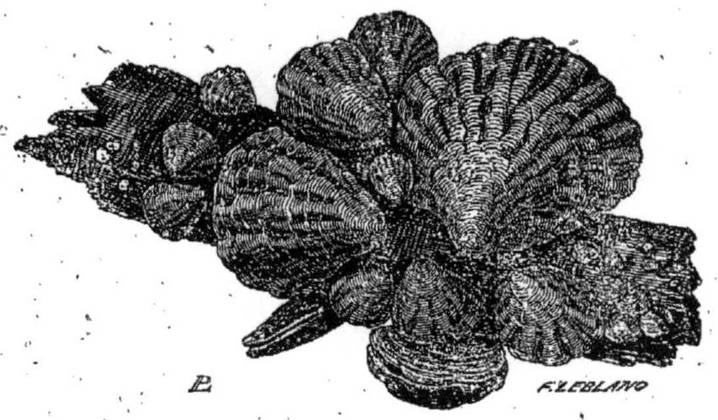

Fig. 83. — Groupe d'huîtres sur un morceau de bois.

par un petit conduit destiné à le tenir constamment rempli d'eau salée, soit sur une plage découvrant à mer basse. C'est en restant quelques mois dans les parcs que certaines huîtres verdissent en acquérant toute leur saveur. La pêche des huîtres se fait généralement du mois de septembre au mois d'avril; c'est pendant cette partie de l'année qu'elles sont bonnes; dans les autres mois, elles sont maigres et dépourvues de goût. Sur les bancs naturels, on promène une *drague*, espèce de rateau qu'un bateau traîne dans divers sens sur le fond; mais dans les parcs on recueille les huîtres à la main.

Les huîtres de France sont les meilleures de toute l'Europe; celles qui proviennent de la Bretagne et de la Normandie, surtout de Granville et celles de Marennes, sont les plus recherchées. Il ne faut pas oublier non plus les huîtres d'Ostende.

On a souvent prétendu, mais à tort, que le lait exerçait une action dissolvante sur les huîtres et en accélerait la digestion : les acides étendus ont seuls la propriété de les dissoudre. C'est donc avec raison que les amateurs d'huîtres préfèrent aux vins rouges les vins blancs, moins alcooliques et légèrement acidulés. L'eau des huîtres a la réputation d'être apéritive : l'analyse

Fig. 84. — Banc d'huîtres artificiel entouré de ses pieux.

chimique a démontré qu'elle contenait beaucoup de chlorure de sodium, de chorure de magnésium, du sulfate de magnésie, du

Fig. 85. — Fascines suspendues pour recevoir les jeunes huîtres.

sulfate de chaux et une assez forte proportion d'osmazome. Ces substances peuvent avoir une action sur l'estomac, et il est possible qu'elles ouvrent l'appétit.

Depuis Sergius Orata, qui, d'après Pline, est l'inventeur des réservoirs d'huîtres; depuis Vitellius, qui engraissait ces mollusques dans le lac Lucrin, la consommation des huîtres a pris une extension considérable, et elle occupe actuellement un rang assez important parmi nos aliments.

Il est curieux de constater quel développement a pris le com-

Fig. 86. — Huîtres d'environ dix-huit mois sur une tuile recouverte de ciment (île de Ré) destiné à faciliter le développement des huîtres.

merce de ces mollusques depuis quelques années : il se vendent à un bon marché surprenant un peu partout, grâce du reste aux chemins de fer; d'ailleurs on consomme aussi les huîtres dites portugaises, bien différentes des huîtres véritables, et moins bonnes; c'est un coquillage particulier.

Si l'huître offre une assez grande importance au point de vue de l'alimentation, sa coquille présente aussi quelque intérêt. Les *écailles* d'huîtres sont en grande partie formées de carbonate de chaux. Réduites en poudre, elles sont quelquefois employées comme remède absorbant, et produisent des effets salutaires dans le traitement du goitre. Elles servent encore comme engrais et on les emploie journellement sur les côtes pour amender la terre.

Quoiqu'il en soit, ces écailles d'huîtres d'Europe ne sont pas, en définitive, d'une très grande utilité, et on a fait bien des tentatives infructueuses pour les faire servir à quelque chose de sérieux. Il n'en est pas de même pour les coquilles d'huîtres que l'on rencontre dans les mers intertropicales.

La *came* est une variété d'huître à coquille solide, épaisse, dont la valve supérieure est formée de lames superposées, de diverses couleurs. Cette coquille a une assez grande valeur : on en fait des camées qui imitent quelquefois les onyx et les pierres dures.

Mais ce qui rend surtout précieuses certaines variétés d'huîtres, c'est une espèce de maladie à laquelle elles sont sujettes. Cette maladie est la cause d'une activité anormale dans le travail sécrétoire qui donne naissance à la nacre. Une concrétion isolée se forme dans une des anfractuosités de la coquille, s'accroît peu à peu, et c'est ainsi que la perle prend naissance.

C'est autour de l'île de Ceylan, et près de l'île de Bahreïn dans le golfe Persique, que les huîtres sont surtout sujettes à cette maladie, à cette sécrétion singulière, et produisent les perles les plus estimées.

La mer contient bien d'autres richesses, à commencer par les innombrables poissons qu'on y capture. Mais je veux aussi vous signaler un coquillage excellent, la moule, que l'on cultive, que l'on aide à se multiplier tout comme l'huître, et dans certains parcs spéciaux des côtes de l'ouest de la France qu'on nomme des *bouchots*. On plonge des rangées de pieux sur la plage, et les moules viennent s'y fixer. La moule fournit un excellent aliment, et à très bon marché.

VINGT ET UNIÈME CAUSERIE

LE PÉTROLE

C'EST en Amérique que l'on rencontre les plus grands réservoirs naturels de ce liquide noirâtre, épais, presque visqueux que l'on nomme le pétrole. Dans certaines localités, et principalement dans la Pensylvanie, le Texas et le Canada, les massifs géologiques sont découpés par des canaux souterrains, remplis de l'huile minérale qui, véritable filon liquide, s'étend parfois sous des contrées entières. Dans les localités où s'exploite le pétrole; on fore des puits, et quelquefois le liquide jaillit spontanément, comme l'eau des puits artésiens ou comme celle des sources intermittentes, de ces jets d'eau chaudes naturelle dont le grand Geyser d'Islande, qui lance dans l'air, à des intervalles rapprochés, une immense colonne d'eau, est un des plus curieux exemples. De toutes parts on aperçoit des fûts entassés autour des puits en activité; le sol est partout imbibé de l'huile, qui se déverse quelquefois dans les campagnes, quand la saignée pratiquée dans les entrailles de la terre a donné un rendement inattendu.

Les hommes eux-mêmes sont couverts de l'infect produit qu'ils exploitent, et le pays offre le plus étrange aspect, la plus fantastique physionomie. De distance en distance de grandes affiches, soutenues par des poteaux, vous apprennent que le feu est banni de ces régions : ON NE FUME PAS ICI, est la formule invariable que tout propriétaire placarde à l'entrée des chantiers de forage. En effet, l'huile minérale naturelle prend feu avec la plus grande facilité, et certaines qualités de pétrole dégagent à la température ordinaire des vapeurs extraordinairement subtiles, capables de s'enflammer à une assez grande distance d'un foyer incandescent.

L'exploitation d'une matière aussi combustible offre donc de grands dangers, malgré les précautions que prennent les

Fig. 87. — Un puits de pétrole jaillissant.

mineurs d'une même localité : à peine arraché de ses gisements séculaires, le liquide minéral cause parfois les plus épouvantables désastres. Pour ne citer qu'un exemple des accidents multiples dus au pétrole, portons-nous par la pensée à Idione dans la Pensylvanie. C'est le 11 mai 1862. Un mineur vient de donner un violent coup de sonde au fond du puits qu'il a foré inutilement depuis de longues semaines. Il croit subitement entendre comme le bruissement d'un liquide contre des pierres, puis c'est un bouillonnement tumultueux; bientôt l'huile monte avec la rapidité de l'éclair, elle s'échappe du chemin qui lui est ouvert avec une violence extrême, et jaillit comme un nouveau Geyser à douze mètres au-dessus du sol.

De ce jet formidable s'élève un nuage épais de vapeurs qui plane à quelques mètres plus haut Immédiatement on éteint tous les feux du voisinage, mais une lumière est restée allumée à 360 mètres de ce torrent impétueux. Le gaz s'enflamme à ce foyer. Le feu se communique au liquide jaillissant, et le puits se transforme en une pièce d'artillerie formidable qui vomit la flamme et qui lance dans l'espace une fumée opaque qui cache le ciel sous un sinistre manteau. Mais le liquide enflammé ruisselle bientôt dans les campagnes environnantes; il promène sur le sol des torrents de feu, et la scène du désastre grandit d'instant en instant. Les fûts remplis d'huile éclatent et produisent le bruit d'une canonnade. A l'horreur de l'incendie se joint l'épouvante de l'explosion; des cadavres mutilés sont projetés à plusieurs mètres en l'air. Là des femmes, des enfants se sauvent au milieu de cette lueur effrayante produite par l'embrasement de toute une contrée. Pas de lutte possible contre cet ennemi, pas d'espoir de sauvetage : il n'y a qu'à fuir en entendant le râle des moribonds atteints par ce fléau sans égal, qui est tout à la fois incendie et inondation. Le feu s'éteint quand l'huile est épuisée et quand il ne reste plus sur le sol que cendres et débris.

Plusieurs fois aux États-Unis des scènes analogues jetèrent subitement l'épouvante, la ruine et la dévastation dans des régions qu'animait un travail prospère. De nombreuses catastrophes analogues, à l'origine de la nouvelle exploitation, vinrent successivement apprendre aux peuples civilisés quels étaient les dangers que pouvaient offrir l'exploitation et l'usage de l'huile minérale.

Mais la question de l'inflammabilité est aujourd'hui tranchée pour l'usage ordinaire, grâce aux procédés de raffinage qui ont été imaginés et qui se pratiquent couramment. Il faut nettement distinguer ici l'huile brute naturelle de l'huile rectifiée limpide que l'on emploie pour l'éclairage, et qui n'offre pas réellement de grands dangers.

L'huile brute naturelle que les navires importent en Europe renferme tous les produits volatils que la distillation doit séparer. Elle est souvent extraordinairement inflammable. Par une température de jour d'été, elle émet constamment des vapeurs qui peuvent aller prendre feu à un foyer éloigné, et allumer en même temps la source d'où elles s'échappent.

Quand des fûts de pétrole ont fait une longue traversée, il en

Fig. 88. — L'incendie d'un réservoir à pétrole.

est forcément qui sont plus ou moins détériorés, qui fuient et qui remplissent le navire de vapeurs *explosibles au contact de l'air*. Un vaisseau peut donc être transformé ainsi en une poudrière, ou devenir semblable à la galerie de la houillère d'où vient de se dégager le feu grisou. Une allumette suffit pour mettre le feu à un gigantesque brasier.

On a cherché déjà des moyens de remédier à ces redoutables inconvénients, et de bons procédés ont été trouvés. M. Gibson a le premier adopté le système de navires à compartiments en fer pour le transport du pétrole sur mer, et son système a été adopté bientôt par nombre de négociants. Ces bâtiments sont partagés par compartiments en tôle formant une série de bâches qui doivent être étanches. Ces bâches sont complètement remplies d'huile, et le liquide ne peut-être soumis à aucun mouvement, à aucun clapotement. Pour permettre la dilatation ou la contraction de l'huile par suite des changements de température, le réservoir à pétrole est muni d'un tuyau coudé qui plonge dans un autre réservoir rempli d'eau Toute fuite de vapeur ou de liquide est interceptée, et si le pétrole se contracte dans une bâche, l'eau reprend son niveau normal dans l'autre. Aujourd'hui ces bateaux réservoirs sont légion. Ces navires offrent encore un autre avantage . l'huile qu'ils renferment est pompée pour le déchargement dans de grands réservoirs de tôle, et l'on n'a pas à craindre, quand l'appareil fonctionne bien, qu'une fuite répande dans l'air une vapeur inflammable.

L'huile de pétrole, que tout le monde connaît aujourd'hui, que l'on emploie pour l'éclairage, est un liquide transparent, limpide, doué d'une odeur désagréable. L'huile brute, comme nous l'avons dit, est noire comme du cirage, et offre une consistance assez épaisse ; son odeur est encore plus pénétrante que celle de l'huile rectifiée.

Dans l'industrie, on distille l'huile naturelle dans des cornues en fonte, et elle commence à bouillir à une assez basse température, de 40 à 60° environ. Elle dégage des vapeurs qui se condensent en une huile très légère, très limpide, très inflammable, que l'on appelle l'*essence*, et qui est employée comme dissolvant des corps gras. En continuant la distillation, on obtient une huile un peu plus dense, qui est l'*huile de l'éclairage*, employée dans la lampe à pétrole classique. On a beaucoup exagéré les dangers de l'inflammation de l'huile de l'éclairage au pétrole ; ce produit est combustible, *mais il ne s'enflamme pas à distance* et il est certainement moins redoutable que l'esprit-de-vin, que l'on allume bien impunément cependant dans les lampes destinées à faire le café Cent fois nous avons, dans notre laboratoire, expérimenté des huiles minérales qu'une allumette en ignition n'enflammait que par son contact, et auxquelles elle ne faisait pas prendre feu à un centimètre de distance

L'éclairage au pétrole offrait l'inconvénient de répandre dans l'air une odeur vraiment désagréable, à laquelle il est bien difficile de s'habituer ; mais en employant des appareils de combustion mieux combinés et des brûleurs spéciaux, on est parvenu à éviter ces émanations si désagréables. Du reste, il n'était pas possible que le public résistât à l'attrait du bon marché de ce procédé d'éclairage, qui, à égalité d'éclat, n'exige qu'une dépense environ quatre fois moins forte que les bougies stéariques. Voici les prix approximatifs des combustibles suivants,

Fig. 89. — Une usine de raffinage de pétrole.

en supposant qu'ils produisent une même quantité de lumière pendant dix heures.

	fr.	c.
Gaz de l'éclairage............	»	45
Huile de pétrole..................	»	75
Bougies stéariques..............	4	10
Bougies de cire..................	6	
Spermacéti	8	30

La question de l'éclairage au pétrole s'est grandement perfectionnée en Angleterre, et aujourd'hui on cherche à l'appliquer à l'éclairage par incandescence dont nous avons parlé : En France, nombre de fabricants intelligents étudient également cette importante branche de l'industrie moderne, et nul doute que leurs efforts ne soient un jour couronnés de succès.

Comme combustible propre au chauffage des machines à vapeur, l'huile minérale a préoccupé les esprits aussi bien en Europe qu'en Amérique. — Les avantages du pétrole sur le charbon sont manifestes. — Le charbon liquide ne laisse pas de cendres; il occupe moins de place à poids égal que la houille, dont les morceaux, si bien entassés qu'ils soient, sont toujours séparés par des vides. Enfin la combustion d'une tonne de pétrole peut produire deux fois plus de vapeur d'eau que celle d'une tonne de charbon de terre.

Les Anglais et les Américains ont fait faire un pas considérable à ce problème important. Jadis à Woolwich, à San Francisco, des essais ont été entrepris sur une grande échelle. Les appareils américains consistent généralement en une série de becs où brûle le pétrole volatilisé à l'état de gaz, système dans le détail duquel il ne nous est pas possible d'entrer. Ces systèmes fonctionnent actuellement, tout défectueux qu'ils sont, mais sur les lieux de production de l'huile minérale où l'on ne marchande guère le pétrole, et l'emploi de ces procédés serait autrement plus cher que la combustion du charbon. En France, on n'a guère fait mieux; on se rappelle sans doute les anciennes tentatives de M. Henri Sainte-Claire Deville, qui, tout en jetant un nouveau jour sur cet important problème, n'est pas parvenu à le résoudre. Mais aujourd'hui, non seulement aux États-Unis et en Russie (où l'on exploite d'énormes gisements de pétrole), mais partout on sait utiliser le pétrole sous les chaudières des machines à vapeur, en l'insufflant au moyen d'un jet d'air comprimé ou de vapeur, cela même à bord des bateaux.

Tous ces essais conduiront-ils, dans un avenir prochain, à des résultats fructueux? Le prix du pétrole, beaucoup plus élevé en France qu'en Amérique, nous permettra-il de réaliser ce que font nos voisins d'outre-Atlantique? Nous l'ignorons; mais, quoi qu'il en soit, il paraît certain que l'industrie de l'huile minérale s'ouvrira tôt ou tard dans cette direction une voie féconde.

L'industrie du pétrole grandit avec une étrange rapidité; et, dès l'origine, elle s'est développée d'une manière tout inattendue. Dans le premier semestre de 1862, 4 400 000 gallons de pétrole furent importés de New York; dans le premier semestre de l'année suivante, la quantité d'huile exportée avait triplé : elle s'élevait à 12 700 000 gallons; aujourd'hui le monde entier produit près de 20 millions de barils de pétrole, chaque baril contenant à peu près 160 litres.

On trouve dans les ruines de l'antique Ninive un mortier asphaltique qui était obtenu par l'évaporation du pétrole. — Les huiles de pétrole qui se rencontrent près de la mer Morte sont mentionnées par les auteurs anciens, et Plutarque décrit une mer de feu ou lac brûlant près d'Ecbatana. — Les Romains avaient quelquefois des lampes à pétrole, s'il faut en croire Pline; et Dioscoride nous apprend que l'huile minérale d'Amiano, en Italie, était usitée à Gênes pour éclairer la ville. — Les sources de Bakou, en Perse, sont célèbres depuis un temps immémorial; elles sont situées près de la mer Caspienne, et, à l'époque de certaines fêtes religieuses, les habitants en répandent sur les flots de la mer des torrents, qu'ils enflamment Les vagues entraînent au loin ces feux qui jettent mille clartés dans le ciel et produisent le plus éblouissant spectacle.

L'existence des sources de pétrole était inconnue en Amérique jusqu'en 1845; c'est à cette époque qu'un brave mineur, qui cherchait de l'eau salée à Torentum, retira du pétrole des entrailles du sol. Quinze ans plus tard plusieurs exploitations étaient organisées, et en 1860 on comptait dans Oil-Creek 2 000 sources ou puits, dont 74 des plus considérables fournissaient plus de 11 000 barriques d'huile brute valant 1 000 dollars. L'année suivante, en quatre mois de temps, les deux ports de New York et de Philadelphie expédiaient en Europe de l'huile minérale pour 4 000 000 de francs.

Nous avons vu à quel chiffre formidable est arrivée la production du monde : la plus grosse part en est donnée par les États-Unis et par la Russie; mais il faut citer aussi les Indes néerlandaises, la Roumanie, les Indes britanniques, etc. Et l'on a besoin de plus en plus de pétrole et d'essence par suite de la multiplication des voitures automobiles, qui en consomment des quantités dans leurs moteurs.

VINGT-DEUXIÈME CAUSERIE

LES ENGRAIS ET LA NUTRITION DES PLANTES

Si le règne végétal et le règne animal sont nettement séparés par des caractères différents qui les distinguent, ils ont cependant entre eux des propriétés communes beaucoup plus nombreuses qu'on ne le supposerait au premier abord. Comme les animaux, les végétaux naissent, se nourrissent, croissent, et meurent. Et quand les organes des animaux se simplifient comme chez les zoophytes, les deux règnes se confondent presque complètement.

Ils offrent cependant des caractères qui établissent entre eux une ligne de démarcation bien tranchée. Les animaux se nourrissent, mais ils ont en outre la faculté de *sentir* et de *se mouvoir*. Or sentir, c'est se connaître soi-même, c'est connaître les objets extérieurs, c'est se rendre compte de ses besoins, c'est pouvoir juger de ce qui peut y satisfaire et de ce qui peut y nuire. Se mouvoir, c'est posséder la faculté de fuir ce qui peut être nuisible et de rechercher ce qui est bon; c'est vivre, dans toute l'acception du mot.

La vie chez les végétaux se borne aux fonctions de la nutrition. Généralement fixés au sol, où ils puisent par leurs racines les éléments propres à leur fournir la nourriture nécessaire à leur développement, ils ont des feuilles plus ou moins largement étalées dans l'atmosphère : ces feuilles absorbent les autres principes indispensables à l'entretien de leur vie, et accomplissent ainsi l'acte de la *respiration*.

La nutrition des végétaux s'effectue au moyen des feuilles et des racines. Les feuilles accomplissent dans l'atmosphère une véritable respiration. Sous l'influence de la lumière, elles absorbent l'acide carbonique de l'air, et exhalent de l'oxygène en s'assimilant le carbone nécessaire à leur développement. Les racines plongent dans la terre et vont y puiser les éléments propres à la nutrition du végétal.

On conçoit que si le sol n'est pas suffisamment pourvu des matières propres à nourrir les végétaux servant à nos usages, on pourra ajouter dans ce sol des substances nutritives destinées à être absorbées par la plante qui s'y développe. Ces substances nutritives constituent les *engrais.*

Considérés dans l'ensemble de leur constitution générale, les végétaux renferment du charbon, de l'eau ou ses éléments, de l'azote, du phosphore, du soufre, des oxydes métalliques combinés aux acides phosphorique, sulfurique, des bases alcalines unies à des acides organiques. Un grand nombre de ces substances n'étant pas contenues dans l'atmosphère, proviennent nécessairement du sol.

Il est des sols favorisés dans lesquels se trouvent la plupart de ces substances minérales, ainsi qu'une grande quantité de matières organiques connues sous le nom d'humus ou de terreau. Il en est d'autres, et c'est le plus grand nombre, qui n'en renferment qu'une insuffisante quantité ou qui en sont même entièrement dépourvus. Ces sols, pour devenir fertiles, exigent l'intervention de l'engrais, qui ne saurait être remplacé, ni par l'excellence du climat, ni par l'ameublissement du sol, qui sont cependant des auxiliaires précieux de la végétation.

Chaque culture tend d'ailleurs à diminuer la quantité d'éléments nutritifs contenus dans la terre; aussi devra-t-on réparer cette perte en restituant assez fréquemment au sol les principes qu'on lui a enlevés.

Les engrais le plus communément employés ne sont que des débris de plantes, des dépouilles ou des excrétions d'animaux, et contiennent, par le fait même de leur origine, l'ensemble des principes qui constituent les êtres organisés.

On admet généralement deux classes d'engrais : 1° les fumiers d'origine organique, dans lesquels on retrouve les éléments constituants des végétaux et des animaux; 2° les amendements minéraux, salins et alcalins.

Mais tous les agents dont le cultivateur dispose pour augmenter, pour conserver la fertilité de la terre doivent être désignés sous le terme générique d'engrais. Le plâtre, la marne. les cendres comme le fumier, le sang et l'urine sont des engrais :

ils concourent au même but, qui est d'accroître la production végétale. Cette division offre cependant l'avantage de faciliter l'étude des engrais; aussi nous la conserverons et nous allons entrer dans quelques détails au sujet des principaux engrais qui prennent place dans ces deux classes plutôt fictives que réelles.

Aussitôt après avoir fauché l'herbe des prairies, si on l'enfouit dans le sol, elle s'échauffe, fermente, se putréfie et constitue un engrais d'un bon emploi, dont l'usage date des temps les plus reculés.

Théophraste, Pline, Columelle et les auteurs latins qui ont écrit sur l'agriculture ont indiqué ce moyen d'améliorer les terres.

L'herbe enfouie est connue sous le nom d'*engrais vert*. Le lupin, les fèves, les vesces, les débris de plantes, telles que les feuilles de betteraves, de carottes, de pommes de terre, peuvent être considérés comme des engrais verts, qui dans certains cas sont d'un emploi avantageux.

La paille, et quelques autres substances d'origine végétale telles que les feuilles d'arbre, la pulpe de pommes de terre provenant du résidu des féculeries, l'eau du rouissage du chanvre et du lin, les marcs et tourteaux de graines oléagineuses sont quelquefois de bons engrais. Il faut cependant faire remarquer que les matières végétales sèches, employées seules ou mélangées avec de la terre, se décomposent avec beaucoup de lenteur; aussi doit-on y ajouter quelque substance capable de se décomposer rapidement.

Les excréments et les urines des animaux sont très propres à remplir cet objet; on sait que l'on détermine généralement dans la paille une fermentation plus ou moins active en la mélangeant avec des excréments solides ou liquides des animaux dont elle forme la litière.

Cette fermentation a pour effet de déterminer dans les débris végétaux une altération assez profonde pour les rendre capables de fournir aux plantes les éléments organiques ou minéraux qu'ils doivent leur procurer.

Ces produits ainsi préparés sont connus sous le nom de *fumiers*. On appelle habituellement fumiers, les engrais que l'on obtient en faisant absorber les déjections animales, solides et liquides, par des substances diverses désignées sous le nom de *litières*.

Fig. 90. — L'exploitation du guano au îles Chincha (Pérou).

Les fumiers sont généralement considérés comme les plus convenables de tous les engrais dont dispose le cultivateur. Dans toute exploitation agricole, la présence des animaux étant indispensable, il en résulte que le fumier se forme sur les lieux mêmes, pour ainsi dire tout seul.

Les fumiers proviennent des déjections d'animaux divers, tels que les moutons, les poules ou même les pigeons. Le fumier provenant de ces derniers animaux est connu sous le nom de *colombine*.

Depuis bien longtemps on exploite sur le littoral du Pérou, notamment aux îles Chincha et de la Bolivie, un engrais analogue à la colombine. Il se trouve en abondance sur quelques côtes de la mer du Sud. Ses dépôts atteignent quelquefois 20 mètres d'épaisseur. Il est exploité à ciel ouvert, sous le nom de *guano* (fig. 90 et 91). Sa richesse en phosphates et en sels ammoniacaux le rend précieux aux agriculteurs. Ces gisements ont du reste tendance à s'épuiser.

Parmi les autres engrais d'origine animale, on peut citer le noir animal, les animaux morts, la chair musculaire, le sang, les débris de poissons, les débris et chiffons de laine, les cheveux et poils de toute sorte, la corne et les sabots des animaux, les excréments et les divers débris de ver à soie, qui renferment des quantités considérables d'azote et qui, par leur mélange avec d'autres substances, constituent d'excellents engrais artificiels.

Tous ces engrais organisés ont des compositions chimiques très variables; la quantité d'azote qu'ils renferment varie depuis 2 p. 100, comme dans le fumier de ferme, jusqu'à 14 ou 15 p. 100, comme dans le sang ou la râpure de cornes. Ils agissent avec une efficacité remarquable sur la végétation.

Nous allons ajouter quelques mots sur les engrais minéraux, qui, au point de vue de leur utilité, sont ausi importants que les premiers.

La plupart des agriculteurs donnent le nom d'*amendement* aux engrais minéraux. Les principaux de ces engrais sont : la chaux et les calcaires, le phosphate de chaux, le sulfate de chaux (gypse ou plâtre), le chlorure de sodium (sel marin), la tangue, les cendres, la suie, le nitrate de soude, le sulfate d'ammoniaque et le sulfate de magnésie.

La chaux est aujourd'hui tellement répandue, qu'il y a peu de fermiers qui ne s'occupent autant du chaulage que de la fumure ordinaire.

Fig. 91. — Déchargement d'un wagon de guano aux îles Chincha.

La chaux agit sur les argiles du sol, les décompose et met en liberté les alcalis, c'est-à-dire la potasse et la soude, ce qui favorise la culture des plantes auxquelles ils sont nécessaires; elle agit aussi sur les sels ammoniacaux, en dégage l'amoniaque, qui pourra dès lors concourir au développement de végétaux.

Le plâtre est surtout employé pour les terres qu'on destine à recevoir les légumineuses; ses effets utiles sont reconnus, mais on a ignoré longtemps la cause de son action. M. Dehérain a entrepris sur l'action du plâtre de savantes recherches et il est parvenu à éclairer la science sur ce point. Après d'importants travaux sur les phosphates employés en agriculture, il a reconnu que le plâtre favorisait la solubilité de la potasse. Le plâtre produit surtout un excellent effet sur les prairies artificielles, et quand il y a été convenablement répandu à l'époque où les plantes ont acquis un certain développement, il agit avec une efficacité remarquable sur les légumineuses qui sont la base de la prairie artificielle. L'analyse des cendres de végétaux différents fait voir que leur composition varie d'une espèce à une autre; le blé, par exemple, n'offre pas une composition chimique identique à celle du trèfle ou de l'avoine, ce qui a pu conduire à la conclusion suivante : les espèces différentes n'absorbent pas dans le sol les mêmes principes, et il faut faire varier pour chaque plante la nature de l'engrais.

L'étude de la composition des végétaux a fourni à la science l'explication d'un grand nombre de phénomènes observés en agriculture, et a permis aux cultivateurs d'employer avec discernement les engrais, c'est-à-dire de fournir à chaque espèce ce qui est nécessaire à son développement, en agissant ainsi dans les meilleures conditions pour favoriser la végétation.

Les engrais jouent aujourd'hui un rôle si important dans l'agriculture, ils sont appelés à excercer sur sa prospérité une influence telle, qu'on s'est préoccupé bien souvent d'en accroître le nombre par l'emploi de substances nouvelles propres à favoriser la fertilité du sol. La chimie agricole a fourni à l'art de la culture un grand nombre de produits minéraux et de nouveaux agents d'une efficacité reconnue, et tous les jours des progrès se font dans cette voie.

Mais, tandis que l'on s'occupe de produire de nouveaux engrais, n'est-il pas déplorable de voir avec quelle prodigalité on perd dans nos grandes villes les éléments capables de contribuer à la richesse du sol?

Ainsi, jadis, à Paris, quand les fosses d'aisances se vidaient dans la Seine par les égouts, des liquides renfermant des sels ammoniacaux, de l'azote, étaient à jamais perdus pour l'agriculture.

On a souvent proposé de bâtir nos maisons de telle manière que l'on pourrait recueillir ces produits; mais les constructions modernes n'étaient pas moins établies sur le modèle des anciennes constructions, et pendant longtemps encore on a continué à jeter dans les fleuves ces liquides si précieux; aujourd'hui on commence à épurer les eaux des égouts et à les utiliser plus ou moins à la culture.

La production des engrais est devenue une véritable industrie, qui comprend un grand nombre d'établissements. Les engrais se fabriquent et se vendent aujourd'hui sur une très grande échelle. Dans la banlieue de Paris se trouvent des dépôts abondants de poudrette, et l'analyse chimique vient fournir à cette branche de commerce son puissant concours.

C'est ainsi que la plupart des engrais sont livrés à l'agriculture avec le résultat de l'analyse à laquelle ils ont été soumis. On y détermine généralement la quantité d'azote et d'acide phosphorique qu'ils renferment, car ce sont là les aliments par excellence de la plupart des végétaux.

Grâce aux travaux des Liebig, des Isidore Pierre, des Boussingault, des Malaguti et de quelques autres savants éminents, la chimie s'est enrichie d'un nouveau domaine, qui est celui de la *chimie agricole*.

L'étude de la végétation, l'observation scrupuleuse de la nature, la répétition dans les laboratoires des réactions qui se passent dans les champs et les basses-cours, sont appelées à augmenter, de jour en jour, l'importance de la chimie agricole, qui est elle-même destinée à favoriser l'extension de l'agriculture, à être la cause de sa prospérité, à produire enfin la richesse du sol, c'est-à-dire le bien-être des sociétés.

Si l'on peut aujourd'hui, jusqu'à une certaine limite, expliquer et comprendre le phénomène de la végétation; si l'on est arrivé à écarter quelques-uns des prétendus mystères qui entouraient les causes encore inconnues du développement des plantes; si la chimie agricole est venue envahir le domaine de l'agriculture, il faut avouer cependant que, pendant longtemps, on a semé et fait germer des plantes sans savoir ce que c'est que la végétation, qu'on a employé des fumiers dans l'ignorance la plus complète de leur mode d'action, et qu'on a nourri des bestiaux avec du foin, sans connaître l'équivalent du foin. Cependant le blé poussait et les bœufs engraissaient.

Il ne manque pas de gens qui prétendent que la science est assurément une belle chose, mais destinée aux savants, et que la pratique doit être réservée à d'autres, sans doute aux ignorants. Cette thèse compte encore plus de défenseurs qu'on ne pourrait le croire, surtout en ce qui concerne l'agriculture. Que de personnes soutiennent qu'un chimiste, un agronome, un savant, sont incapables de diriger une exploitation, et que les conseils de la science, loin d'être utiles, sont plutôt pernicieux!

S'il est arrivé que des gens habiles ont échoué, faut-il en conclure que la science est nuisible au cultivateur? Ne faut-il pas remarquer d'ailleurs que l'ignorance n'a jamais été une cause de succès, et l'agriculture est là pour démontrer que la routine n'est pas seule capable de produire à bon marché de la viande et du grain. Bien des peuples prouvent que, fût-on un homme instruit, on peut mener à bonne fin une exploitation agricole, et qu'il est souvent utile de savoir ce qu'on fait.

Si la science est quelquefois attaquée, elle sait répondre elle-même par les résultats auxquels elle est arrivée en agriculture comme en toute chose. D'ailleurs le moment approche où l'application de la vapeur et même celle de l'électricité à la culture viendront changer la face des exploitations agricoles et montrer qu'elles trouveront profit à suivre la marche du siècle et de la science. Nombre de machines à vapeur sont utilisées au travail des champs, au traitement des récoltes, et l'on espère, avec le courant électrique, pouvoir hâter le développement des plantes.

VINGT-TROISIÈME CAUSERIE

ILLUSIONS D'OPTIQUE

Nous parlerons dans notre dernière causerie de quelques illusions d'optique qui peuvent être produites à l'aide d'appareils de physique, et qui donnent naissance à des expériences forts attrayantes. La lanterne magique, peut être considérée comme le plus ancien des instruments de cette nature. Elle est aujourd'hui avantageusement remplacée par la lanterne à projections. C'est d'un système analogue à la lanterne magique que se servait le physicien Robertson pour donner naissance à ses fantasmagories, qui eurent grand succès à Paris sous la Révolution. Il projetait parfois des images de squelettes ou d'autres objets effrayants que l'on voyait grandir peu à peu, et qui parfois jetaient la terreur parmi les assistants (fig. 92).

Il y a déjà bien des années, un nouveau Robertson, M. Robin, excita vivement la curiosité du public par la production de spectres impalpables fort digne d'attention. Nous allons expliquer cette curieuse expérience, qui a été répétée aujourd'hui un peu partout.

Sous le plancher du théâtre, une lampe électrique, ou une lampe éclairée par la lumière de Drummond, lance des rayons sur le personnage vivant qui joue le rôle du spectre, diable ou fantôme. Sur la partie antérieure de la véritable scène, en avant même des rideaux qui encadrent le décor, est encastrée une glace sans tain, de belle qualité, qui sépare les spectateurs du personnage qui est en scène.

Cette glace doit offrir une surface de réflexion d'une pureté absolue, et cette condition est indispensable pour obtenir une image d'une grande netteté; elle est inclinée à 45 degrés par rapport au plan du théâtre.

Les rayons projetés sur le personnage vivant placé sous la scène se réfléchissent sur cette glace, et l'image se produit à côté de l'acteur qui est en scène; si l'on ferme la lanterne contenant la lampe, le spectre disparaît.

Sur notre gravure on voit un voyageur qui, le pistolet au poing, veut avoir raison d'un fantôme menaçant; il l'ajuste et le fantôme se dresse tout à coup devant lui. Le voyageur décharge son arme, mais la balle traverse cet être fantastique qui n'offre pas de prise à ses coups.

La salle du théâtre pendant l'apparition est dans un demi-jour, et le spectre, bien éclairé sous la scène, se découpe mieux sur un fond noir. Si, comme on peut en juger, la théorie de cette expérience est très simple, on doit reconnaître que l'exécution offre d'assez grandes difficultés, surtout pour le personnage qui joue le spectre. Il faut, en effet, qu'il se tienne renversé à 45 degrés pour que son image paraisse debout sur la scène, et comme il ne peut pas marcher facilement dans cette position si penchée, il produit un fantôme qui n'est jamais complètement droit; il faut en outre qu'il combine avec une grande justesse ses mouvements pour les faire concorder avec ceux de l'acteur, qui n'opère qu'à tâtons derrière la glace. Il doit, enfin, agir en sens inverse de l'effet qu'il veut produire. Quand nous nous regardons dans une glace, et que nous agitons la main droite, notre image agite la main gauche; il en est de même pour le fantôme dont nous parlons. Pour que son image sur la scène frappe de la main droite, il est indispensable qu'il fasse agir sa main gauche; toutes les scènes qu'il veut produire doivent être ainsi minutieusement étudiées, et ne peuvent bien s'exécuter qu'à la suite de longs et patients tâtonnements.

En ces dernières années, sur bien des scènes de prestidigitateurs, tous les soirs on évoquait des fantômes et des spectres, images insaisissables, qu'on pouvait impunément percer d'une épée.

Tantôt c'était l'image d'une jeune fille qui posait un bouquet sur sa table : l'acteur voulait prendre les fleurs que lui apportait ce personnage fantastique; mais on voyait sa main traverser le bouquet impalpable qu'il ne pouvait saisir, et tout disparaissait aussitôt comme par enchantement. Tantôt c'était un zouave qui, tué sur le champ de Solférino, ressuscitait au son du tambour : il apparaissait et montrait les blessures de sa poitrine ensanglantée ; le prestidigitateur étonné voulait chasser ce fantôme, mais le soldat restait immobile ; terrifié, il saisissait un poignard, en menaçait l'apparition, qui restait impassible ; il le levait et allait plonger son arme dans la poitrine du zouave,

Fig. 92. — La fanstasmagorie de Robertson.

mais le poignard traversait ce corps impalpable qui ne craignait plus les coups d'aucune main humaine.

La *tête du décapité* est encore une remarquable expérience de physique amusante. Voici en quoi elle consiste :

Vous entrez dans une petite salle peu éclairée. Devant vous est une table à trois pieds, sur laquelle un plateau porte une tête humaine. Sous la table on voit de la paille, et, entre les pieds à jour, le mur du fond. C'est bien une tête qui est couchée sur ce plateau ; mais a-t-elle vie, et ne pourrait-ce pas être une tête en cire ? Adressez-lui la parole, votre doute cessera : elle va vous parler.

Si vous questionnez cette tête, elle se redresse, et la voilà qui tourne sur son plateau de métal ; elle remue les yeux, répond à vos questions ; en un mot, c'est bien une tête vivante.

L'illusion est produite à l'aide des glaces étamées qui joignent entre eux les pieds de la table, et qui, perpendiculaires au sol, sont inclinées à 45 degrés par rapport aux plans des deux murs de droite et de gauche. La paille étalée sur le sol est réfléchie par ces glaces, et l'image qui se forme sous la table

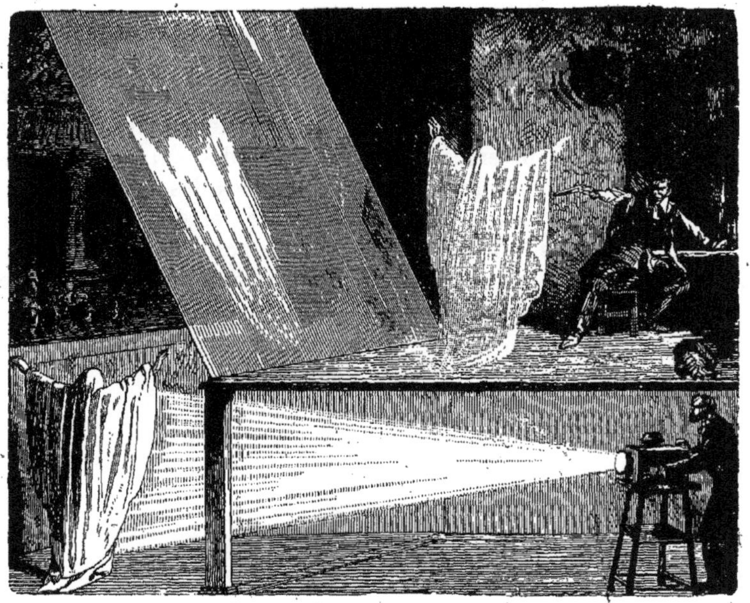

Fig. 93. — Expérience des spectres dans un théâtre.

continue, si naturellement qu'il est facile de s'y méprendre, le sol qui ne paraît être coupé par aucun obstacle. Les glaces réfléchissent, en outre, les murs de droite et de gauche, et comme ils sont à une distance de la table précisément égale à celle qui sépare celle-ci de l'autre mur du fond, leurs images se confondent avec ce que l'on voit de ce dernier mur.

Pour le spectateur, la table paraît à jour ; sous les pieds il voit de la paille, et dans l'intervalle qui les sépare il aperçoit le mur du fond ; en réalité, ce mur n'est autre chose que l'image des deux murs de droite et de gauche, et la paille qu'il voit sous la tête est l'image de celle qui entoure la table.

Le spectateur ne peut pas approcher du décapité, il en est

séparé par une grille qui le tient à une distance de deux mètres environ. On raconte qu'un visiteur indiscret et soupçonneux lança un jour une pierre entre les pieds de la table qui soutenait la tête; il voulait s'assurer que cette pierre traverserait bien l'espace compris entre ces pieds et irait frapper le mur du fond; mais elle rebondit contre la glace qu'elle brisa. Le secret du miracle était dévoilé : seulement le spectateur paya un peu cher sa curiosité.

Enfin il suffit d'avoir devant les yeux des miroirs convexes ou concaves, bombés ou creux, pour assister aux plus curieuses déformations de son propre visage. Lors de l'Exposition de 1900, on avait réuni dans une série de salles des miroirs aux formes les plus diverses, qui causaient des surprises et des accès de rires inextinguibles. Les baraques des foires renferment parfois de ces miroirs déformant. Et si vous voulez bien simplement vous offrir le spectacle de votre visage complètement dénaturé par un jeu d'optique, regardez-vous sur la panse rebondie d'une théière en métal.

TABLE DES MATIÈRES

1149-09. — Coulommiers. Imp. Paul BRODARD. — P12-09.

www.ingramcontent.com/pod-product-compliance
Ingram Content Group UK Ltd.
Pitfield, Milton Keynes, MK11 3LW, UK
UKHW020327230726
13925UKWH00002B/668

9 782013 542470